职业教育"十三五"创新规划教材
数控技术应用专业教学用书

CAXA 三维实体造型

沈 敬 编著

科学出版社

北京

内 容 简 介

本书是职业教育十三五创新规划教材，是根据教育部 2014 年颁布的《中等职业学校数控技术应用专业教学标准》中"机械 CAD/CAM"课程的主要教学内容和要求编写的。本书以培养学生三维实体设计思维为目的，精选了常见的日常用品作为造型的基本任务，并配有难度相近的类似实例作为拓展任务。本书分为 6 个项目：项目 1 通过凉亭和多孔板的造型，熟悉 CAXA 实体设计软件；项目 2 通过脸谱、盒子、桌子、楼梯的造型，使学生熟练三维球的操作；项目 3 通过椅子、灯泡、手电筒的综合造型，培养学生三维造型的思维；项目 4 通过酒杯、手机、篮球架及烟灰缸的造型，进一步了解 CAXA 三维特征造型；项目 5 通过空间弯管、帐篷、鼠标的造型，使读者熟悉曲线、曲面造型；项目 6 则用于培养创新思维、拓展设计理念。

本书可作为中等职业学校数控技术应用专业教材，也适合作为读者自学三维实体造型的入门教材。

图书在版编目（CIP）数据

CAXA 三维实体造型／沈敬编著 . — 北京：科学出版社，2017
ISBN 978-7-03-052343-3

Ⅰ.①C… Ⅱ.①沈… Ⅲ.①绘图软件－应用软件－中等专业学校－教材 Ⅳ.①TP391.411

中国版本图书馆 CIP 数据核字（2017）第061675号

责任编辑：赵文婕／责任校对：刘玉靖
责任印制：吕春珉／封面设计：曹 来

科 学 出 版 社 出版
北京东黄城根北街16号
邮政编码：100717
http://www.sciencep.com

铭浩彩色印装有限公司 印刷
科学出版社发行 各地新华书店经销
*
2017年 5 月第 一 版 开本：787×1092 1/16
2018年 6 月第二次印刷 印张：8 3/4
字数：207 000

定价：29.00元

（如有印装质量问题，我社负责调换〈骏杰〉）
销售部电话 010-62136230 编辑部电话 010-62135763-2050

前　　言

CAXA 软件是我国具有自主知识产权软件的知名品牌，其功能强大、易学易用、符合工程师的设计习惯。广泛应用于机械、电子、航空、汽车、船舶、军工、建筑、教育和科研等多个领域，是国内普及率较高的三维设计 CAD 软件之一。

CAXA 实体设计作为新一代三维 CAD 软件的典型代表，提供了丰富的三维图素、鼠标拖放式操作、智能驱动手柄和智能捕捉等功能。其中，三维球操作工具功能强大、灵活，使造型设计变得如同"搭积木""捏橡皮泥""雕塑创作"一样直观、简单、易行。

"CAXA 三维实体造型"课程经省教育厅征集和专家评议，于 2014 年 2 月作为职业技能类选修课程，被选为浙江省第四批普通高中推荐选修课程，供全省普通高中及中等职业学校参考使用。

本书为"CAXA 三维实体造型"课程教材，精选了日常用品作为造型的基本任务，案例丰富、直观，同时配有丰富的课程资源供读者使用。对于操作水平较高的读者，书中安排了"拓展任务"以满足其学习需求。

课程资源获取方式如下：

1）输入网址 http://xxk.zjer.cn 搜索课程"CAXA 三维实体造型"。

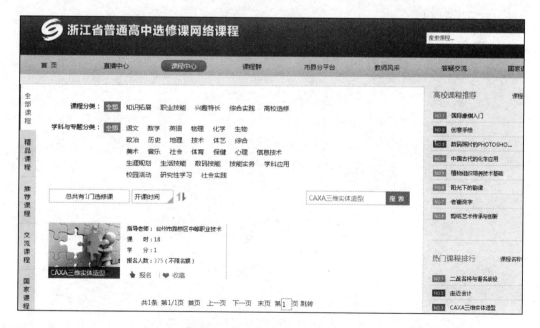

2）扫描下面的二维码。

建议大家先用本人的真实信息进行注册，注册成功后，搜索"CAXA 三维实体造型"课程，然后进行选课报名。欢迎大家下载课程资料，加入三维实体造型的队伍。

本书由沈敬编著，同时也听取了相关同仁的意见，获得了很多帮助与指导，在此对他们表示衷心的感谢！由于编者水平有限，书中难免有不当之处，恳请广大读者批评指正。

编 者

2016 年 6 月

目　录

项目1 认识CAXA软件

工欲善其事，必先利其器。为了使学生能学好、用好CAXA软件设计环境，本项目将通过凉亭和多孔板的造型，使学生熟悉CAXA软件的一些基本概念和基本操作方法。

知识目标

1. 熟悉CAXA软件的用户操作界面。
2. 了解设计元素的种类。
3. 熟悉"视向"工具条和快捷功能键的常用操作。

技能目标

1. 学会基本图素的拖放及图素的大小编辑。
2. 学会设计元素库的一些常用操作和定位锚的基本操作。
3. 学会造型过程中鼠标和键盘的常用操作。
4. 学会智能图素属性编辑和边圆角过渡操作。

情感目标

1. 激发学习软件的兴趣。
2. 培养自我探究的能力。

任务1 凉 亭 造 型

为了使学生能更好地掌握 CAXA 三维创新设计，本任务要求大家在 CAXA 实体设计 2008 环境中如同"搭积木"一样进行凉亭造型设计，如图 1-1 所示。

图 1-1 凉亭

任务要求

1. 熟悉 CAXA 软件的用户操作界面。
2. 学会基本图素的拖放及图素的大小编辑。
3. 学会设计元素库的一些常用操作和定位锚的基本操作。
4. 学会造型过程中鼠标和键盘的常用操作。

任务分析

本任务要求启动 CAXA 实体设计 2008 环境，从设计元素库中拖出圆柱体、圆锥体、长方体、球体、部分圆锥体等基本图素，再通过拖动图素上不同方位的包围盒手柄来初步调整图素的大小和相对位置，然后通过"编辑包围盒"准确确定图素的大小，并要求在造型设计过程中，学会鼠标、键盘的基本操作和定位锚的定位操作，尝试练习其他图素的造型，为培养熟练的操作技能打下坚实的基础。

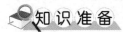知识准备

1. 软件的安装与启动

（1）软件的安装

在 Windows XP 操作系统下安装 CAXA 实体设计 2008 的方法与安装其他应用程序几乎相同，但建议安装时不要运行其他应用程序和杀毒软件。计算机系统需要满足一定的配置要求。

- 软件系统配置：支持 Windows 2000/XP 操作系统。
- 硬件系统配置：最低配置 2GHz 以上主频 CPU，512MB 内存，64MB 显存显卡。推荐配置 2.8GHz 以上主频 CPU，1GB 以上内存，专业显卡。

（2）软件的启动

启动 CAXA 实体设计 2008 的方法与启动 Windows XP 操作系统中的其他应用程序一样。

- 在 Windows XP 操作系统任务栏单击"开始"按钮，再在"所有程序"的级联菜单中选择"CAXA 实体设计 2008"命令即可。
- 在桌面上双击 CAXA 实体设计 2008 的快捷方式图标即可。

2. 软件的用户界面

启动 CAXA 实体设计 2008 软件后，打开"欢迎"对话框，如图 1-2 所示。选中"创建一个新的设计文件"，单击"确定"按钮。打开"新的设计环境"对话框，如图 1-3 所示，选择"Metric"选项卡中的合适模板，单击"确定"按钮，进入 CAXA 实体设计环境，如图 1-4 所示。

CAXA 实体设计 2008 环境主要由菜单栏、工具条、设计环境、设计元素库、三维坐标系和状态栏等组成。

CAXA 设计环境中的"打开""保存""另存为""退出"等基本操作与其他应用程序基本相同，在此不再赘述。

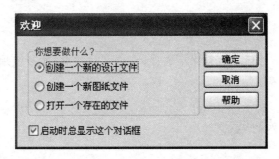

图 1-2 "欢迎"对话框

图 1-3 "新的设计环境"对话框

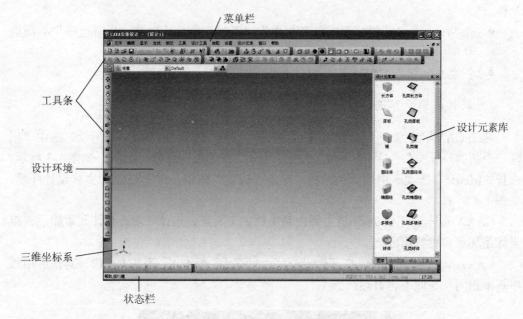

图 1-4 实体设计 2008 环境

提示:建议新建设计环境后就保存文件,在造型过程中,阶段性地执行"保存"命令,可以避免不必要的损失。

3.设计元素相关知识

(1)设计元素
设计元素是系统为设计人员提供设计所需的各种元素的统称。设计人员可以使用设计元素生成所需的设计产品。例如,标准图素中有增料图素和减料图素,如图 1-5 所示,图素中的左列设计元素可以采用增加材料的方法生成一些几何体,右列设计元素可以通过减除材料生成孔、洞、槽等。

（2）设计元素库

将不同类型的设计元素集中并按顺序排放在一起,然后加上便于操作的"打开"按钮、设计元素选项卡、滚动条和一些默认的图素就构成了设计元素库,如图 1-5 所示。

（3）设计元素的拖放操作

在大多数情况下,实体设计都采用"搭积木"的方法将设计元素组合在一起,形成一个复杂零件或一件产品。因此,CAXA 设计系统为设计人员提供了一种简单便捷的拖放式操作,具体步骤如下。

1）在设计元素库中,通过"打开"按钮和滚动条等查找所需的设计元素。

2）在该设计元素上按住鼠标左键,将其拖动到设计环境。

3）释放鼠标,设计元素即被放到设计环境中。

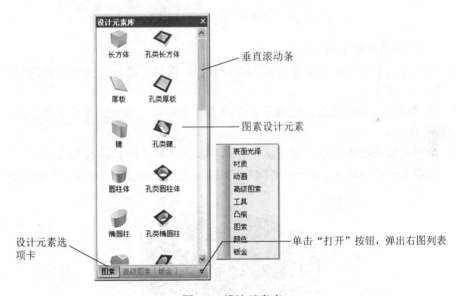

图 1-5　设计元素库

🔑 **小技巧**

当拖放一个新图素要按指定位置与已有图素进行定位时,拖动新图素接近已有图素时,系统会自动捕捉并高亮显示已有图素的棱边顶点、中点、圆心或面的中心点等几何要素,此时释放左键即可准确定位。

4．智能图素

（1）设计对象的编辑状态

1）首次单击图素进入"零件编辑状态"，零件轮廓呈蓝色高亮显示，并显示定位锚，如图 1-6（a）所示。

2）再次单击图素进入"智能图素编辑状态"，在图素上显示出黄色的矩形包围盒、红色的操作手柄和绿色的定位锚，如图 1-6（b）所示。

3）第三次单击图素进入"表面编辑状态"，可使图素上的点、线或面呈绿色高亮显示，如图 1-6（c）所示。

（a）零件编辑状态　　　　（b）智能图素编辑状态　　　　（c）表面编辑状态

图 1-6　设计对象的 3 种编辑状态

（2）包围盒、操作手柄与定位锚

1）包围盒是一个能包容某个智能图素的最小六面体，通过改变包围盒的尺寸可以改变图素的大小。

2）在智能图素编辑状态，包围盒 6 个表面分别有与之垂直的 6 个红色手柄，称为包围盒操作手柄。

- 可视化编辑图素尺寸：将鼠标指针移到操作手柄上时，鼠标指针变成一个带双向箭头的小手形状，朝不同方向拖动鼠标，便可改变图素的大小，如图 1-7 所示。

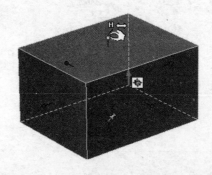

图 1-7　可视化编辑图素尺寸

提示：按住 Ctrl 键，可同时选中相反方向的两个包围盒操作手柄，再拖动某个操作手柄或修改包围盒尺寸可保证该尺寸对称改变。

- 精确输入图素尺寸：在某个包围盒操作手柄上右击，在弹出的快捷菜单中选择

"编辑包围盒"命令，如图 1-8（a）所示，在打开的"编辑包围盒"对话框中修改尺寸数值，再单击"确定"按钮即可。

注意：修改加亮数值将修改当前选中的包围盒手柄上的尺寸，如图 1-8（b）所示；此时，可同时修改另外两个方向上的尺寸，并能保证自动对称调整。

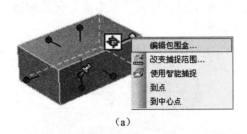

（a）

（b）

图 1-8　精确输入图素尺寸

声明：为了培养大家的观察与设计能力，本书各任务造型都没有给出具体的尺寸数值。要求大家先使用操作手柄，参照样例进行可视化拖动，调整到相似的比例；再右击操作手柄，在弹出的快捷菜单中选择相应的命令，将包围盒尺寸编辑成相近的整数。以下任务实施步骤中将上述过程全部简称为调整包围盒至尺寸合适并编辑尺寸为整数。另外，在任务实施步骤中大多只给出理解性文字，而不是操作参考截图，这样有利于培养大家的设计理念（主要的操作步骤截图可参照网络课程中的课件 PPT。）

 小技巧

右击图素上某操作手柄，在弹出的快捷菜单中选择"到点"或"到中心点"命令，再捕捉并单击某点或圆周，即可使该手柄与对应的点对齐。按住 Shift 键拖动某操作手柄，待拖动到另一图素上的点、线或面呈高亮显示，释放鼠标可使该手柄与其对齐。

3）定位锚：每个智能图素上都有一个定位锚，显示出一个"图钉"的标志。定位锚是由一个绿色的圆点和两条绿色的线段组成的。

● 绿色的圆点称为图素的锚点，是图素定位的参考点，右击定位锚，在弹出的快捷菜单中可以选择定位的相关操作。

- 两条绿色的线段用来表示图素的放置方向，较长的竖直线段指示 Z 轴的高度方向，较短的水平线段指示 X 轴的长度方向。

注意：如果希望改变图素的现有位置，应当先选中图素，进入智能图素编辑状态，再在定位锚上单击，当定位锚变为黄色显示时右击，弹出如图 1-9 所示的快捷菜单，再选择对应的命令就可以定位操作了。

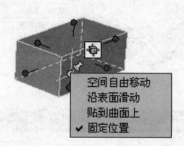

图 1-9　重新定位快捷菜单

5．造型常用操作

（1）鼠标基本操作

CAXA 实体设计支持三键鼠标和滚轮，通过操作鼠标可方便地完成常用的视图操作。

- 旋转：按鼠标中键（或滚轮）并拖动。
- 平移：按住 Shift 键 + 鼠标中键（或滚轮）并拖动。
- 缩放：按住 Ctrl 键 + 鼠标中键并拖动，或直接滚动滚轮。

（2）键盘基本操作

功能键可以明显提高操作速度。下面介绍 CAXA 实体设计中几个常用的功能键。

- 平移功能键：F2。
- 旋转功能键：F3。
- 全屏显示功能键：F8。

任务实施

步骤 1：启动 CAXA 实体设计软件，新建设计环境并选择合适的模板。以"凉亭"为文件名将设计环境保存到硬盘，建议在造型设计过程中进行阶段性的保存操作。

步骤 2：从"图素"设计元素库中拖出"圆柱体"图素生成凉亭底座，调整包围盒至尺寸合适并编辑尺寸为整数。（造型顺序可以是多种多样的，本书步骤仅供参考。）

步骤 3：拖入"圆锥"图素生成亭盖，使用智能捕捉功能使其与底座圆盘中心重合，如图 1-10 所示，调整包围盒至尺寸合适并编辑尺寸为整数。依次拖动上、下手柄和径向手柄，将亭盖可视化调整成上下位置合理、尺寸合适，再将包围盒尺寸编辑为整数，如图 1-11 所示。

图 1-10　底座与亭盖

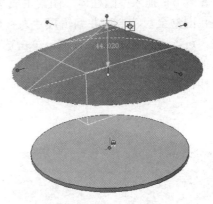

图 1-11　亭盖造型

步骤 4：拖入"多棱体"图素生成桌脚，使桌脚与底座圆盘中心重合，如图 1-12 所示，调整包围盒至尺寸合适并编辑尺寸为整数。在包围盒上右击，在弹出的快捷菜单中选择"智能图素属性"命令，在打开的"拉伸特征"对话框的"变量"选项卡中可以设置多棱体边数。

步骤 5：拖入"长方体"图素生成桌面，利用智能捕捉功能使其与多棱体桌脚上面的中心重合，如图 1-13 所示。要求保持桌面对称调整，尺寸合适并编辑尺寸为整数；调整尺寸后中心位置不能变。

步骤 6：拖入"球体 2"图素生成西瓜，使其与桌面中心重合，调整包围盒至尺寸合适并编辑尺寸整数。（"球体"图素造型则以球心定位。）

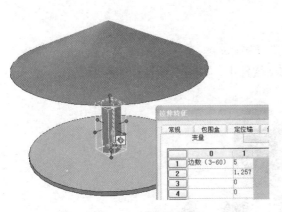

图 1-12　桌脚造型

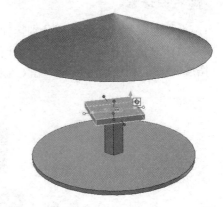

图 1-13　桌面造型

步骤 7：拖入"部分圆锥体"图素生成石凳，放至底座合适位置，调整包围盒尺寸合适并编辑尺寸为整数，如图 1-14 所示。选中石凳，进入智能图素编辑状态，单击选中定位锚，定位锚呈黄色，再右击定位锚，在弹出的快捷菜单中选择"沿表面滑动"命令来调整石凳的位置。用同样的方法添加其余石凳。

说明：在未学习三维球的情况下，先试着用定位锚来调整图素的位置。

步骤 8：拖入"圆柱体"图素生成亭柱，将其放到底座合适位置，如图 1-15 所示，调整包围盒至尺寸合适并编辑尺寸为整数，按 Shift 键并拖动上手柄到亭盖底面。选中亭柱，进入智能图素编辑状态，单击选中定位锚，定位锚呈黄色，再右击定位锚，在弹出的快捷菜单中选择"沿表面滑动"命令来调整亭柱的位置。用同样的方法添加其余亭柱。

图 1-14　石凳造型　　　　　　　　　　　　　　图 1-15　亭柱造型

步骤 9：检查确认凉亭整体造型合理并符合要求，保存文件，退出软件。

？思考与探究

1. 设计元素和设计元素库分别指什么？
2. 设计对象有几种编辑状态？如何进行操作？

拓展任务：如图 1-16 所示，在 CAXA 软件中，如何搭建这样的积木？

图 1-16　搭积木

任务2 多孔板造型

通过凉亭造型，大家已对CAXA实体设计软件界面有所熟悉。为了巩固CAXA实体设计软件的基本操作，本任务将引导大家像"切割橡皮泥"一样进行多孔板的造型设计，如图1-17所示。

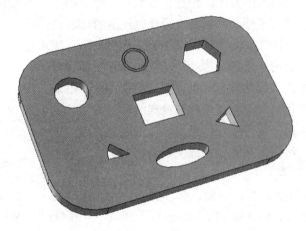

图1-17 多孔板

任务要求

1. 进一步熟悉CAXA软件的用户界面，了解设计元素的种类。
2. 巩固图素及包围盒的基本操作。
3. 学会"视向"工具条和快捷功能键的常用操作。
4. 学会智能图素属性编辑和边圆角过渡操作。

任务分析

本任务要求启动CAXA实体设计环境，从设计元素库中拖出长方体图素，通过包围盒初步调整形状相似，再将尺寸编辑成整数，然后使用孔类长方体、孔类椭圆柱、孔类圆柱体、孔类多棱体、孔类饼状体、孔类圆环等基本图素进行挖切。同样要求通过包围盒及定位锚来调整图素的大小和相对位置，尺寸要求是整数，孔深与板厚刚好相等；最后对板的四角棱边进行圆角过渡。建议在造型搭建过程中，练习使用标准工具条、"视向"工具条等工具条上的常用工具按钮，为提升操作技能打下坚实的基础。

知识准备

1. 设计元素库

设计元素可分为标准设计元素和附加设计元素两大类。

（1）标准设计元素

- 图素：由基本几何体构成的标准设计元素。
- 高级图素：在基本图素上，经过一定演变、叠加和变形形成的复杂图素。
- 钣金图素：钣金零件（冲压件）设计时使用的标准设计元素。
- 工具图素：标准件、常用件、型钢等工具类标准设计元素。
- 动画图素：为设计元素添加动画功能的标准图素。
- 表面光泽图素：包括反光颜色、金属涂层等标准图素。
- 纹理图素：包括表面或背景润饰纹理的标准图素。
- 凸痕图素：用于图素或零件表面添加凸起纹理。
- 贴图图素：将图像贴到零件或图素表面上。

（2）附加设计元素

附加设计元素包括背景、织物、颜色、石头、纹理、文本、金属和木头等，附加设计元素在"\CAXA\CAXASolid\Catalogs"子目录中，在标准安装时没有打开。附加设计元素如图 1-18 所示。

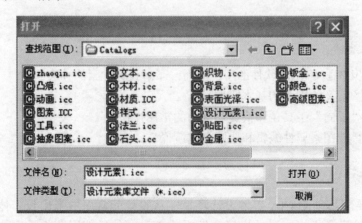

图 1-18　附加设计元素

（3）设计元素库操作

在造型过程中，有时会发现设计元素库不见了，这可能是设计元素库自动隐藏了。如图 1-19 所示，选择"设计元素"菜单命令，在弹出的下拉菜单中单击"自动隐藏"前面的图标，再在展开设计元素库时，单击其右上角的图钉按钮，可使其不再隐藏。

通过"设计元素"下拉菜单，还可以对设计元素进行新建、打开、关闭、关闭所有、

保存、另存为、保存所有等操作。

有时标准的"设计元素"选项卡不见了，需要在下拉菜单中选择"设置"命令加载默认的设计元素，甚至需要重新启动软件。

2．"视向"工具条

在默认状态下，"视向"工具条位于窗口左侧，如图 1-20 所示，其功能按钮及功能键依次如下。

图 1-19　"设计元素"下拉菜单　　　　图 1-20　"视向"工具条

⊕——上下、左右移动画面。功能键：F2。

↻——任意角度旋转观察设计零件。功能键：F3。

↕——前后移动并调整对象大小。功能键：F4。

↕——用以改变观察视角。功能键：Ctrl+F2。

🔍——动态缩放。功能键：F5。

🔍——窗口缩放。功能键：Ctrl+F5。

⊞——从一个指向的面进行观察。功能键：F7。

◈——指定中心位置观察。功能键：Ctrl+F7。

📺——全屏显示。功能键：F8。

📷——存储当前视向。

📷——恢复存储视向。

📷——恢复前一个存储的视向。

🗗——选择透视效果。

3．智能图素属性

在图素的包围盒编辑状态右击，在弹出的快捷菜单中选择"智能图素属性"命令，打开"拉伸特征"对话框，如图 1-21 所示，可以设置图素的常规、包围盒、定位锚、位置、抽壳、表面编辑、棱边编辑、变量、拉伸、交互等参数。智能图素属性可设置的内容丰富，大家可以在使用过程中加强熟悉。

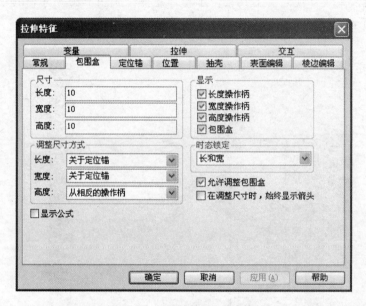

图 1-21   "拉伸特征"对话框

4．边圆角与边倒角

常用的边圆角与边倒角操作可以通过"面 / 边编辑"工具条（图 1-22）中的按钮实现。

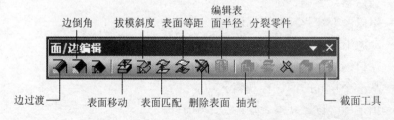

图 1-22   "面 / 边编辑"工具条

- 边过渡：将选定的边或面进行倒圆角。如图 1-23 所示，选择"等半径""变半径"等混合类型，输入半径值（变半径要设置多个半径值），拾取待过渡的边或面，单击"√"按钮应用或按 Enter 键确认。
- 边倒角：将选定的棱边进行倒角。可通过选择"两边距离""距离"和"距离角度" 3 种方式设置等边或不等边倒角，其操作步骤与边过渡大体相同，不再重复。

"面 / 边编辑"工具条上的"表面移动""拔模斜度""表面匹配""表面等距""删除表面""编辑表面半径""抽壳""分裂零件""截面工具"按钮暂不作介绍，有兴趣的同学可自行探究。

图 1-23　"圆角过渡"面板

任务实施

步骤 1：启动 CAXA 实体设计软件，新建设计环境并选择合适的模板。以"多孔板"为文件名将设计环境保存到硬盘，建议在造型过程中进行阶段性的保存操作。

步骤 2：从"图素"设计元素库中拖出"长方体"图素生成板，调整包围盒至尺寸合适并编辑尺寸为整数。

步骤 3：从"图素"设计元素库中拖出"孔类长方体"图素到板上表面中心生成方孔，调整包围盒至尺寸合适并编辑尺寸为整数，孔深与板厚刚好相等，如图 1-24 所示。（建议按 Ctrl 键的同时选中长或宽包围盒两侧手柄，对称调整尺寸；孔深使用包围盒尺寸控制，或使用快捷菜单中的"到点"命令来保证与板厚相等。）

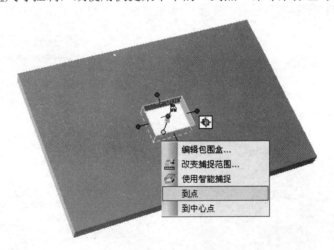

图 1-24　方孔造型

小技巧

直接选中图素的某个方向上的包围盒操作手柄，再修改包围盒中需要修改的尺寸（输入计算式会自动计算），不但使选中方向上的尺寸发生改变，还能保证另外两个方向上的尺寸对称改变。

步骤 4：用类似的方法拖入孔类椭圆柱、孔类圆柱体、孔类多棱体、孔类饼状体、孔类圆环图素挖孔，同样要求通过包围盒及定位锚来调整图素的大小和相对位置，如图 1-25 所示。尺寸要求是整数，孔深与板厚刚好相等。

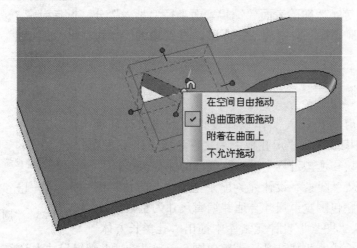

图 1-25 调整孔类图素位置

提示：其中三棱孔需要右击孔类多棱体，在快捷菜单中选择"智能图素属性"再在弹出的"拉伸特征"对话框的"变量"选项卡中修改边数，如图 1-26 所示。

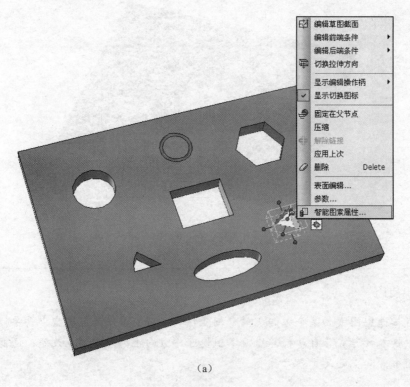

（a）

图 1-26 "变量"选项卡

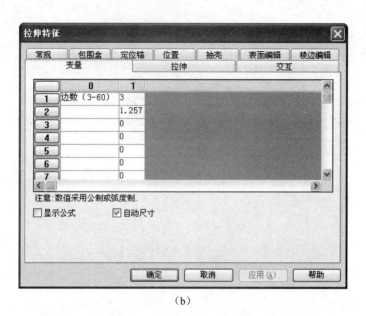

（b）

图 1-26 "变量"选项卡（续）

步骤 5：使用"边过渡"按钮对板的四角棱边进行大小合适的等半径圆角过渡操作，如图 1-27 所示。

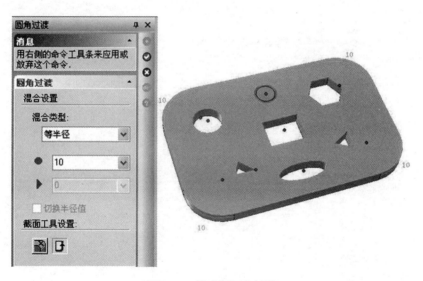

图 1-27 等半径圆角过渡

步骤 6：检查确认多孔板整体造型合理并符合要求后，保存文件，退出软件。

思考与探究

1. 在包围盒编辑状态按住 Ctrl 键和 Shift 键各有什么功能？

2．你会经常用到"视向"工具条中的哪些图标及对应的功能键？

拓展任务：请参照图 1-28 所示的美标二位三插座进行造型。

图 1-28　插座

项目 2 三维球操作

三维球是 CAXA 实体设计系统所独有的三维空间造型工具，它为设计造型、组装产品提供了灵活、方便的定位工具。本项目将通过脸谱、盒子、桌子、楼梯的造型，全面熟悉三维球的定位、定向等操作。

知识目标

1. 通过包围盒尺寸的设置来保证外形的相似和尺寸的取整。
2. 了解坐标轴方向与包围盒尺寸的关系。
3. 熟悉图素对象的各种选择方法。
4. 了解设计树的结构及相关操作。

技能目标

1. 掌握三维球与图素的结合与分离操作。
2. 学会三维球中心手柄的定位，一维、二维移动及阵列操作。
3. 学会通过三维球对图形进行旋转及环形阵列等操作。
4. 学会通过三维球对图素进行拷贝、链接、阵列、镜像等操作。

情感目标

1. 树立耐心、细致、好学的学习态度。
2. 提高分析判断能力和探究比较能力。

任务1 脸谱造型

三维球是 CAXA 实体设计软件中一项功能强大又重要的造型工具。学会使用三维球，会使造型设计变得比较简单。灵活使用三维球可以大大提高三维实体造型的效率。本任务将通过京剧脸谱设计（图 2-1）引导大家认识三维球的基本操作。

图 2-1　脸谱

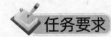 **任务要求**

1. 通过包围盒尺寸的设置来保证外形的相似和尺寸的取整。
2. 学会三维球中心控制手柄的定位、一维移动等基本操作。
3. 学会三维球与图素的结合与脱离操作。
4. 学会用三维球的定位尺寸和定向镜像保证图素的对称。

任务分析

本任务要求从设计元素库中拖出"长方体"图素，再进行边圆角过渡生成脸形。通过"孔类圆柱体""孔类长方体"或"孔类键"等图素挖出嘴巴和鼻梁，并使用三维球调整嘴巴与鼻梁的位置；再用"孔类圆柱体"生成一只眼睛，通过三维球一维移动、拷贝的尺寸控制来生成另一只对称的眼睛，或用三维球定向控制手柄的镜像功能实现对称。

知识准备

1．三维球的构成及其功能

（1）三维球的构成
三维球由 1 个圆周、3 个定位（外）控制手柄（俗称长轴）、3 个定向（内）控制手柄（俗称短轴）、1 个中心控制手柄和 3 个二维平面构成，如图 2-2 所示。

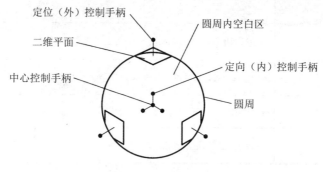

图 2-2 三维球的构成

激活和关闭三维球的快捷键是 F10，或单击标准工具条中的 🔄 按钮。

（2）三维球的功能

三维球各个组成部分的功能如下。

1）圆周：拖动圆周可以围绕从视点延伸到三维球球心的一条虚拟轴线旋转。

2）定位控制手柄：沿轴线做线性平移；选中可将其指定为旋转轴；使用其他功能之前，选中轴线进行约束。

3）定向控制手柄：将三维球的中心作为设计对象的定位支点，在手柄上右击，在弹出的快捷菜单中可选择相关的定向操作选项。

4）中心控制手柄：进行"点"的平移。将其直接拖动到另一设计对象的某个位置上；按鼠标右键拖动后释放，在弹出的快捷菜单中可选择"平移""拷贝"等操作。

5）二维平面：拖动二维平面的边框可以在该虚拟平面内实现自由移动。

6）圆周内空白区：实现拖动旋转；在右击弹出的快捷菜单中选择对应的命令进行选项设置，如图 2-3 所示。

（3）三维球的光标信息

当在三维球内或控制柄上移动鼠标指针时，将会看到鼠标指针的图标形式在不断地发生变化，系统的不同信息反馈引导或指示不同的操作，熟悉表 2-1 所示的图标形式将有助于造型工作。

表 2-1 三维球光标信息

图标	动作
🖐	拖动鼠标指针，可使操作对象绕选定轴旋转
✋	拖动鼠标指针，可利用选定的定向手柄重新定位
✋	拖动鼠标指针，可利用中心手柄重新定位

图标	动作
	拖动鼠标指针，可利用选定的一维控制手柄重新定位
	拖动鼠标指针，可利用选定的二维平面重新定位
	沿着三维球圆周拖动鼠标指针，以使操作对象沿着三维球中心点旋转
	拖动鼠标指针，可沿着任意方向自由旋转

2．三维球的选项设置

如图 2-3 所示，三维球工具快捷菜单选项的功能介绍如下。

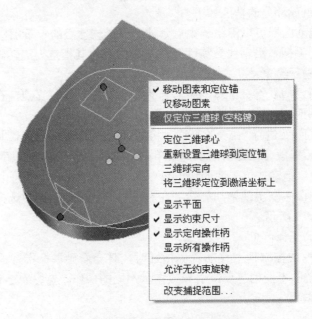

图 2-3　三维球选项设置快捷菜单

1）移动图素和定位锚：三维球各项操作影响选定的图素及定位锚，此选项为默认选项。

2）仅移动图素：三维球各项操作影响选定的图素，定位锚位置不受影响。

3）仅定位三维球：三维球与图素脱离，可实现三维球的单独定位。

提示：通常都是用空格键作为三维球与图素结合或脱离的切换开关，当空格键失效时，也可以用此快捷菜单切换。

4）定位三维球心：与仅移动三维球功能相同。

5）重新设置三维球到定位锚：三维球中心与定位锚要重合时，选择此选项。

6）三维球定向：三维球定向控制手柄与坐标轴方向不一致时，选择此选项。

7）将三维球定位到激活坐标上：此项不太常用，这里不作介绍。

8）显示平面、显示定向操作柄或显示所有操作柄：显示与关闭的开关选项。

9）显示约束尺寸：需要显示移动距离或旋转角度时，选择此项。

10）允许无约束旋转：图素围绕三维球中心更自由地旋转，不必局限于某虚拟轴线。

11）改变捕捉范围：在打开的对话框中可重新设置操作对象捕捉所需的距离或角度变化增量。

3．三维球的操作

三维球的长轴用来解决空间点定位、空间角度定位，短轴用来解决元素、零件、装配体之间的相互关系及定向，中心点用来解决重合问题。

（1）三维球中心控制手柄定位

常见的三维球中心控制手柄的定位方法有以下4种。

● 用鼠标左键直接拖动中心控制手柄到图素上，智能捕捉加亮特殊点。

● 在中心控制手柄上右击，在弹出的快捷菜单中选择"到点"命令，再将鼠标指针移动到图素上智能捕捉到加亮特殊点，单击即可。如果选择"到中心点"命令，那需要选取圆周；如果选择"到中点"命令中对应的选项，则要选取一条边或两个点或两个面，如图2-4所示。

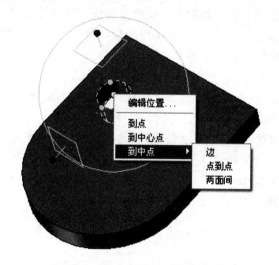

图2-4 中心控制手柄快捷菜单

提示：选中定向控制手柄，可约束中心控制手柄只能在此方向上移动，并与某点"到点"对齐。

- 在中心控制手柄上右击，在弹出的快捷菜单中选择"编辑位置"命令，输入三维坐标即可。
- 用鼠标右键拖动中心控制手柄到图素上智能捕捉到加亮特殊点，释放后在弹出的快捷菜单中选择"平移""拷贝"或"链接"命令，能实现图素的移动并复制。

（2）一维移动（直线平行移动）

单击某一个定位控制手柄，将出现一条过球心并与外定位制手柄相连的黄色线段，拖动（或推动）手柄即可沿线段方向平移，如图 2-5 所示。

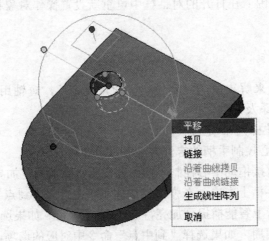

图 2-5　一维移动快捷菜单

- 用鼠标左键拖动手柄，将弹出一个距离数值，修改数值可以准确定位。
- 用鼠标右键拖动手柄，释放后在弹出的快捷菜单中选择"平移"或"拷贝"命令，再输入距离值即可。

（3）镜像（对称操作）

可以使操作对象以其三维球上选定的定向控制手柄的垂直线为对称轴线，实现"镜像"操作，如图 2-6 所示。

- 平移：实现镜像的移动操作，镜像移动后原位置上的操作对象消失。
- 拷贝：实现镜像的拷贝操作，镜像拷贝后原位置上的操作对象保留不变。
- 链接：不仅可以实现镜像拷贝功能，而且可以实现生成的操作对象与原操作对象的尺寸关联。

4．简单的渲染

CAXA 实体设计有多个智能渲染设计元素库，其中包括颜色、纹理、表面光泽、凸痕和材质。如果在零件编辑状态或智能图素编辑状态下，则默认拖放的智能渲染属性影响整个零件；如果在图素表面编辑状态下选择了某个表面，则只有被选中表面才受影响。

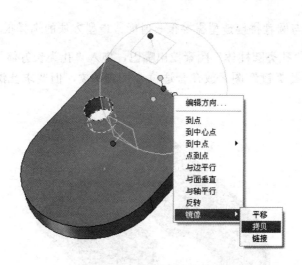

图 2-6　三维球镜像操作

提示：如果拖入设计环境的图素与其他已有图素接触，这些图素将属于同一个零件，是同时渲染的；若拖入的图素不与其他已有图素接触，则会单独生成一个零件，可以单独渲染。

任务实施

步骤 1：启动 CAXA 实体设计软件，新建设计环境。以"脸谱"为文件名将设计环境保存到硬盘。

步骤 2：从"图素"设计元素库中拖出"长方体"图素，调整包围盒至尺寸合适生成脸形板，并编辑尺寸为整数（记住长方体的宽度值）。

步骤 3：对脸形板进行圆角过渡，圆角半径刚好是宽度的一半，如图 2-7 所示。

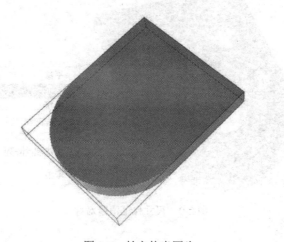

图 2-7　长方体半圆头

提示：用厚板与圆盘拼接造型需要很长时间，造型方法的选择很关键。

步骤 4：拖入"孔类圆柱体"图素挖出嘴巴，拖入"孔类长方体"图素加圆角过渡挖出鼻梁，或将"孔类键"图素放在合适位置生成鼻梁，但要求孔深与板厚相等，如图 2-8 所示。

图 2-8　嘴鼻造型

步骤 5：拖入"孔类圆柱体"图素到特殊点，生成一只眼睛；再激活三维球，通过一维移动的尺寸定位，再用一维右键拖动并拷贝来生成另一只对称的眼睛，如图 2-9 所示。也可以先将三维球与孔类圆柱体脱离，将三维球单独移动到板的中间对称线上某点，再与图素结合，用三维的定向控制手柄生成镜像的眼睛，如图 2-10 所示。

步骤 6：选择脸形板上表面，拖入合适的纹理生成京剧脸谱，如图 2-11 所示。

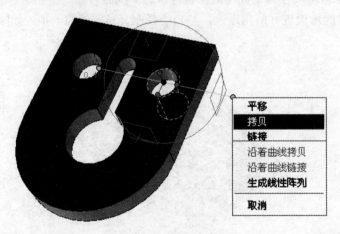

图 2-9　尺寸保证眼睛对称

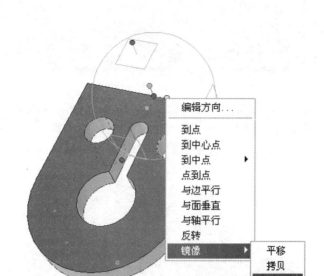

图 2-10　镜像保证眼睛对称

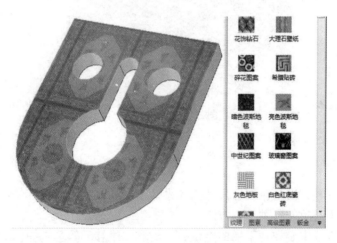

图 2-11　纹理渲染

步骤 7：检查确认造型美观大方并符合要求，保存文件，退出软件。

思考与探究

1. 三维球是由哪几部分构成的？它们的基本功能是什么？

2. 三维球激活或关闭的快捷键是什么？与图素结合或脱离的快捷键又是什么？

拓展任务：如图 2-12 所示的接头造型，要求灵活运用三维球保证切割圆柱体的对称性，并保证径向、轴向都切割掉 1/3。

图 2-12　接头

任务2 盒子造型

三维球是实体设计系统独特的三维定位工具，它为设计零件、组装产品提供了灵活、方便的定位操作，还能进行图素的拷贝、链接、阵列、镜像等操作。本任务将通过设计一个多孔的盒子（图 2-13）引导大家掌握三维球的更多操作。

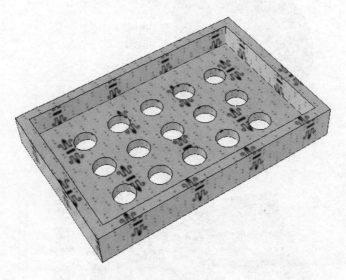

图 2-13 多孔盒子

任务要求

1. 了解坐标轴方向与包围盒尺寸的关系，学会通过包围盒尺寸保证形状。
2. 学会图素对象的各种选择方法。
3. 掌握三维球中心控制手柄的定位、一维和二维移动等基本操作。
4. 学会通过三维球对图素进行拷贝、链接、阵列、镜像等操作。

任务分析

本任务要求从设计元素库中拖出"长方体"和"孔类长方体"等基本图素，通过包围盒尺寸的设置，先制作一个四周与底面厚度相同的盒子。在底面中心生成一个孔，再按 F10 键激活三维球，通过一维或二维的移动、拷贝或阵列等操作，制作一个以底面中心孔为中心、纵横间距均匀、尺寸合理的多孔盒子。造型制作时，可以将底面中心的一个孔通过三维球生成一列孔，再生成多列孔；也可以将这个孔移动到角上的合适位置，通过矩形阵列一次性生成多行多列孔。

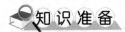知识准备

1. 工作区坐标

在CAXA设计环境的左下角有一个三维坐标系，X、Y、Z这3个轴的颜色分别为红色、绿色和蓝色，如图2-14所示。在造型过程中转动零件时，此坐标系也跟着转动，经常出现长度、宽度、高度3个尺寸值不再对应常规的左右、前后、上下方向的情况，但3个坐标轴方向与包围盒的尺寸关系还是保持不变的，具体如下。

- X轴方向对应包围盒的长度方向，修改长度方向尺寸，图素在X轴方向的形状发生变化。
- Y轴方向对应包围盒的宽度方向，修改宽度方向尺寸，图素在Y轴方向的形状发生变化。
- Z轴方向对应包围盒的高度方向，修改高度方向尺寸，图素在Z轴方向的形状发生变化。

图 2-14　三维坐标轴

因此，在造型过程中，需要修改某个方向的尺寸时，要参照对应的坐标轴方向。

2. 对象的选择

（1）"选择"工具条

"选择"工具条提供选择零件或零件组成部分、设置选择配置等功能，如图2-15所示。

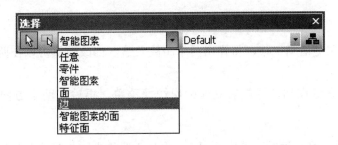

图 2-15　"选择"工具条

从左到右各按钮的功能如下。

- 选择工具：选择零件模型或其组件。
- 框选：用一个方框将一组零件框住，即可实现对它们的成组选择。
- 拾取过滤器：从下拉列表中选取一个过滤条件用以选择想要的对象，如任意、零件、智能图素、面、边、智能图素的面或特征面等。
- 活动配置：从下拉列表中选择适当的配置并激活。
- 配置：生成新的配置，修改／删除现有配置或应用某种配置。

（2）常用的选择方法

平时最常用的选择方法是直接单击图素，进入零件、包围盒或点线面状态，可选取单个对象；按住 Shift 键的同时逐个单击，可同时选择多个对象；再次单击已选对象，则可以从选择集中减去此对象。

3．三维球的二维移动

二维移动（虚拟平面内移动）是指将鼠标指针放置在三维球的某个二维平面内，鼠标指针就显示为 4 个箭头的形式，如图 2-16 所示，表示可以沿二维平面进行前后、左右平移。

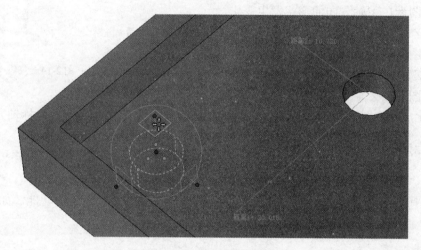

图 2-16　三维球的二维移动

- 用鼠标左键拖动平移，将弹出两个距离数值，修改数值可以在两个方向上准确定位。
- 用鼠标右键拖动，释放后立即弹出快捷菜单，再输入两个方向相应的距离值即可。

提示：实现二维移动时，通常距离 1、距离 2 容易弄反，建议先将图素拖到尽量准确的位置，再参照尺寸修改距离值。

4．线性阵列

线性阵列是指沿直线方向按指定的距离生成多个相同的对象。具体操作：先选中一个或多个对象，调出三维球，选定某个定位控制手柄后右击，在弹出的快捷菜单中选择"生成线性阵列"命令，如图 2-17 所示。在打开的"阵列"对话框（图 2-18）中设置阵列的数量、距离和角度。

图 2-17　线性阵列　　　　　　　　　图 2-18　"阵列"对话框

5．矩形阵列

矩形阵列是指沿平面的两个方向分别按指定的距离和数量生成多行、多列相同的对象。具体操作：先选中一个或多个对象，调出三维球，沿三维球虚拟二维面右键拖动，释放鼠标后在弹出的快捷菜单中选择"生成矩形阵列"命令，如图 2-19 所示。在打开的"矩形阵列"对话框中设置两个方向的阵列数量、距离、角度和交错偏置，如图 2-20 所示。

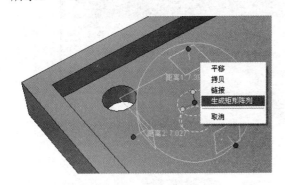

图 2-19　矩形阵列　　　　　　　　　图 2-20　"矩形阵列"对话框

提示：实现矩形阵列时，通常距离 1、距离 2 及数量很容易弄反，建议拖动图素时，尽量拖到基本准确的位置，再修改距离值及数量值。

任务实施

步骤 1：启动 CAXA 实体设计软件，新建设计环境。以"多孔盒"为文件名保存到硬盘。

步骤 2：从"图素"设计元素库中拖入"长方体"图素，调整包围盒至尺寸合适并编辑尺寸为整数，如图 2-21 所示。（建议记下长、宽、高 3 个方向的尺寸，便于设置盒子壁厚。）

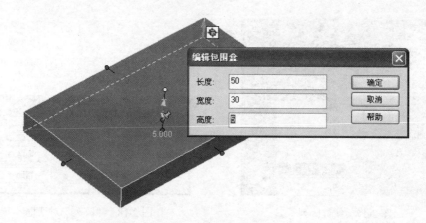

图 2-21　盒子外形造型

步骤 3：拖入"孔类长方体"图素到长方体表面中心，右击包围盒下操作手柄，再在包围盒中修改长度、宽度尺寸。长度、宽度尺寸是长方体尺寸减 2 个板厚，高度尺寸是长方体尺寸减 1 个板厚，如图 2-22 所示，这样才能保证盒子底厚与四周板厚相等。

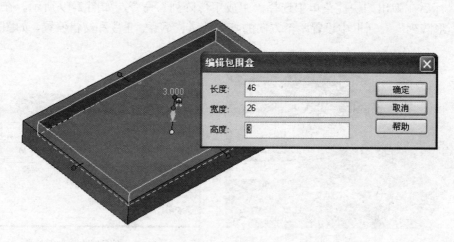

图 2-22　盒子内腔造型

步骤 4：拖入"孔类圆柱体"图素到底板中心，调整包围盒至尺寸合适并编辑尺寸为整数。底部均布孔的排列方法有两种。

方法一：选中底板中心位置的孔，按 F10 键激活三维球，右键拖动三维球上宽度方向的定位控制手柄，向前、向后各拷贝（或链接）一个孔，并保证孔位置合理、孔距是相等的整数值。再按住 Shift 键同时选中中间一列孔，激活三维球，用右键拖动长度方向的定位控制手柄，释放右键后，在弹出的快捷菜单中选择"拷贝（或链接）"命令，如图 2-23 所示。在打开的"重复拷贝 / 链接"对话框中修改数量和距离，单击"确定"按钮，向左、向右各拷贝（或链接）两列孔，并保证孔距是相等的整数值。

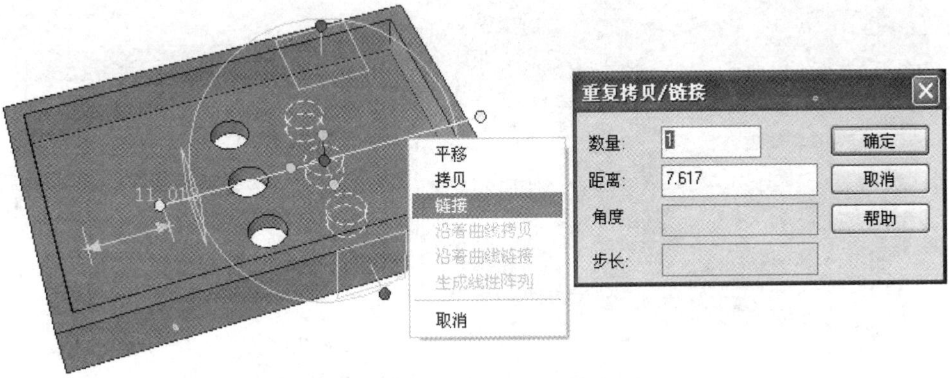

图 2-23　整列孔的拷贝或链接

知识链接

图素的线性平移、拷贝、链接与阵列的相关功能如下。

- **平移**：将图素沿指定方向、指定距离移动，原位置图素不保留。
- **拷贝**：将图素沿指定方向、指定距离复制一个独立的图素，新图素的大小不会随原图素大小的调整而变化。
- **链接**：将图素沿指定方向、指定距离复制一个相同的图素，且新图素的大小会随原图素大小的调整而变化。
- **线性阵列**：在一维或二维方向复制多个图素，且图素间的大小处于关联状态。

注意：阵列的数量是指阵列后对象的总数量（包括原对象），拷贝或链接时输入的数量是指新增加的对象数量。

　　方法二：选中底板中心位置的孔，按 F10 键激活三维球，右键拖动三维球上水平方向的二维平面，移动到某个角上，设置长度方向移动 2 倍的预设间距值，宽度方向移动 1 倍的预设间距值。再在水平二维平面上用右键反方向回拖，释放右键后，在弹出的快捷菜单中选择"生成矩形阵列"命令，如图 2-24 所示。在打开的"矩形阵列"对话框中输入长度、宽度方向对应的数量，并输入对应的预设间距值，单击"确定"按钮即可。

　　步骤 5：检查阵列的孔已按底板中心位置上下、左右对称，两个方向上的间距分别均匀，再进行纹理渲染后保存文件，退出软件。

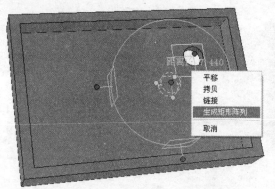

图 2-24　单个孔的二维矩形阵列

？ 思考与探究

1. 三维坐标系中的 3 个轴与包围盒的 3 个尺寸关系如何？与方位有没有关系？
2. 三维球的长轴、短轴和中心点主要有哪些作用？

拓展任务：利用三维球阵列仿造如图 2-25 所示的计算器（文字不用考虑）。

提示：先把相同大小的按键用阵列造型，然后删除并修改出两个特殊的大按键。

图 2-25　计算器

任务 3　桌 子 造 型

　　三维球功能强大、操作灵活方便。定位控制手柄能进行各种定位操作，而定向控制手柄不但能进行定向操作，而且能进行图素的反转、镜像、拷贝或链接等操作。本任务通过完成小桌子（图 2-26）的造型来展示三维球更多的功用。

图 2-26　小桌子

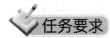 任务要求

1. 熟练掌握三维球的平移及旋转等操作。
2. 熟练操作三维球与图素的脱离或结合。
3. 学会三维球的定向操作。
4. 学会三维球对图素的圆形阵列操作。

任务分析

　　本任务要求从设计元素库中拖出两个"圆柱体"图素，分别生成桌板与桌脚。通过三维球将桌脚从桌板中心一维移动，置于桌板合适位置；再通过三维球的旋转，将桌脚外倾一定角度；接着将三维球与图素脱离，独自移回桌板中心，并与桌板垂直定向；然后，三维球与图素结合，旋转生成圆形阵列；最后，在设计元素库的材质中拖出渲染元素，分别渲染桌脚与桌面等部位。

知 识 准 备

1. 三维球的操作

（1）三维球与图素的脱离与结合

　　三维球与图素脱离时呈灰色，结合时呈绿色，按空格键循环切换。在右击三维球弹出的快捷菜单中，通过是否选中"仅定位三维球（空格键）"也能进行脱离与结合的切换，如图 2-27 所示。

（2）三维球的旋转操作

单击某一个定位控制手柄，出现一条过球心并与定位控制手柄相连的黄色线段，即旋转轴。当鼠标指针靠近旋转轴并显示小手加箭头时，可以绕轴拖动旋转。

- 用鼠标左键拖动旋转，旁边出现一个角度数值，修改数值可以准确定位。
- 用鼠标右键拖动旋转，释放鼠标后弹出快捷菜单，如图 2-28 所示，可以进行旋转平移、拷贝、链接和生成圆形阵列等操作。

✔ 移动图素和定位锚
仅移动图素
仅定位三维球（空格键）

图 2-27　三维球的快捷菜单

图 2-28　三维旋转快捷菜单

 知识链接

图素的旋转平移、拷贝、链接与阵列的相关功能如下。

- 平移：将图素绕指定轴线、按指定角度转动，原位置图素不保留。
- 拷贝：将图素绕指定轴线、按指定角度转动复制出一个独立的图素，新图素的大小不会随原图素大小的调整而变化。
- 链接：将图素绕指定轴线、按指定角度转动复制出一个相同的图素，且新图素的大小会随原图素大小的调整而变化。
- 圆形阵列：将图素绕指定轴线、按指定角度复制出多个图素，且图素间的大小处于关联状态。

注意：阵列的数量是指阵列后对象的总数量（包括原对象），拷贝或链接时输入的数量是指新增加的对象数量。

（3）三维球的定向操作

右击三维球的定向控制手柄，弹出快捷菜单，如图 2-29 所示。其中"编辑方向"选项可以通过输入指向点的坐标来定向。其他选项含义如下。

1）到点：可以使被选定的定位控制手柄绕三维球中心旋转并指向第二个操作对象上选定的点（被捕捉到的点）。

2）到中心点：可以使三维球上选定的定位控制手柄绕三维球中心旋转并指向圆柱体等回转体上某选定圆周的中心点。

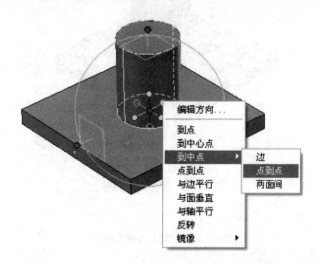

图 2-29　三维球定向操作

3）到中点：可使三维球上选定的定位控制手柄方向与在第二个操作对象上选定的边、两点间或两面间的中点对齐。

4）点到点：可使三维球上选定的定位控制手柄方向与在第二个操作对象上选定的两个点之间的一条虚拟线平行对齐。

5）与边平行：可使三维球上选定的定位控制手柄方向与在第二个操作对象上选定的一条边平行对齐。

6）与面垂直：可使三维球上选定的定位控制手柄方向与在第二个操作对象上选定的某个面垂直对齐。

7）与轴平行：可以使三维球上选定的定位控制手柄方向与圆柱体等选定的回转体的轴线平行对齐。

8）反转：可以使三维球连同操作对象以选定的定位控制手柄的垂直位置为基准，从当前位置反向旋转 180°。

9）镜像：可以使操作对象以三维球上选定的定向控制手柄的垂直线为对称轴线，实现"镜像"操作，如图 2-30 所示。具体镜像时平移、拷贝、链接的含义与前面的"知识链接"部分相同。

2．智能渲染向导

CAXA 实体设计提供了专业的渲染功能。在完成了零件的结构设计后，在零件上添加颜色、纹理和其他表面光泽效果，可以使零件更加逼真、美观。

拾取图素进入零件编辑状态或某一表面。在"设置"或"生成"下拉菜单中选择"智能渲染向导"命令，打开"智能渲染向导－第1页/共6页"对话框，如图 2-31 所示。

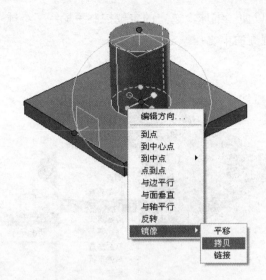

图 2-30　三维球的镜像操作

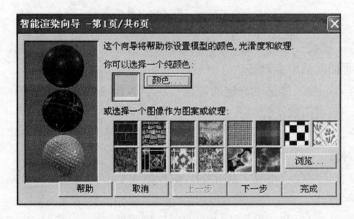

图 2-31　智能渲染向导

在第 1 页设置颜色和纹理，在第 2 页设置表面光泽的亮度和透明度，在第 3 ～ 5 页分别设置凸痕、反射图像和贴图，在第 6 页设置图像投影的方式。此部分建议大家自行探究，在此不再具体讲解。

任务实施

步骤 1：启动 CAXA 实体设计软件，新建设计环境。以"桌子"为文件名保存到硬盘。

步骤 2：从"图素"设计元素库中拖入"圆柱体"图素造桌板，调整包围盒至尺寸合适并编辑尺寸为整数。

步骤 3：再次拖入"圆柱体"图素到桌板中心，进行桌脚造型，调整包围盒至尺寸合适并编辑尺寸为整数，如图 2-32 所示。

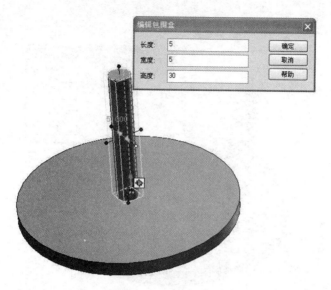

图 2-32 桌脚造型

步骤 4：选中桌脚，按 F10 键激活三维球，沿桌板径向拖动三维球手柄到合适位置，并将距离值编辑成整数值，如图 2-33 所示。选中三维球桌板上垂直径向的定位控制手柄，其呈黄色显示，拖动鼠标将桌脚外倾一定角度，如图 2-34 所示。再将桌脚向桌板内部移动适当距离，做到牢固连接。

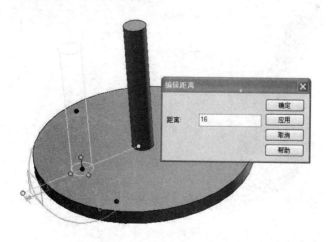

图 2-33 桌脚外移

步骤 5：按空格键使三维球与桌脚脱离，通过三维球中心控制手柄将其独自移到桌板中心。然后右击三维球定向控制手柄，使其某个定向控制手柄与桌面垂直。

步骤 6：按空格键使三维球与桌脚结合，选中垂直于桌面的定位控制手柄，其呈黄色显示，右键拖动三维球与桌脚一起旋转，释放右键后，在弹出的快捷菜单中选择"生成圆形阵列"命令，在打开的"阵列"对话框中输入阵列数量为"4"，角度为"90"，如图 2-35 所示。

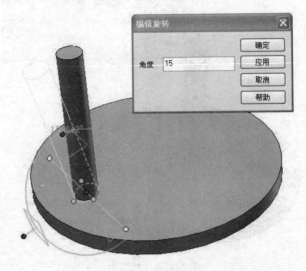

图 2-34　桌脚外倾

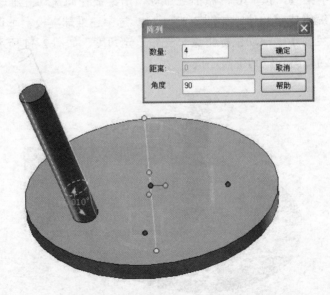

图 2-35　阵列前三维球定位定向

　　步骤 7：翻转小桌使桌脚朝下，再通过 3 次单击选中桌子某些表面，从设计元素库的"材质"选项卡中拖出合适的材质渲染桌面和桌脚（也可以尝试用渲染向导进行渲染）。

　　步骤 8：检查小桌造型完整、合理后，保存文件，退出软件。

思考与探究

1. 三维球的定向控制手柄常用的定向方式有哪些？

2. 对零件或设计环境,常用的渲染方法有哪两种？如何渲染整个零件或零件表面？

拓展任务：请大家尝试图 2-36 所示的玻璃桌的造型。

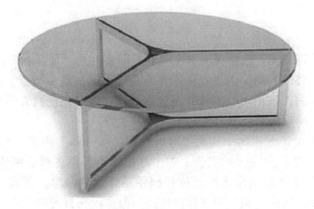

图 2-36　玻璃桌

任务 4　楼梯造型

　　三维球的操作是 CAXA 造型的核心技能，在造型过程中灵活、合理地运用定位控制手柄进行移动、旋转等操作，运用定向控制手柄进行定向、镜像等操作，将会在造型过程中体现出明显的优势。本任务以两个楼梯造型（图 2-37）来引导拓宽大家的发散思维。

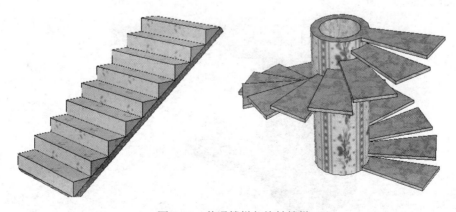

图 2-37　普通楼梯与旋转楼梯

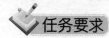 **任务要求**

1. 熟练掌握三维球的平移、旋转、定向等操作。
2. 了解草图截面的编辑。
3. 学会设计树的相关操作。
4. 学会三维球斜向阵列与带步长的旋转拷贝。

任务分析

普通楼梯：从设计元素库中拖出"加强肋"图素，为"加强肋"设置合适的尺寸；再调出其三维球，移动到斜面的角点上，并将其定向到与斜边平行；然后将"加强肋"沿斜边方向线性阵列。拖出"长方体"图素，通过三维定向使其表面与楼梯斜面平行，然后调整各个方向的尺寸，使其合理，贴在下方加固。

旋转楼梯：从设计元素库中拖出"厚板"和"圆柱体"图素，将厚板的三维球定位在短边的中点，并与圆柱轴线重合；右击厚板，将其草图截面编辑成合适的梯形；再选中其三维球与圆柱轴线重合的定位控制手柄作为旋转轴，用鼠标右键拖动旋转，释放鼠标后，在弹出的快捷菜单中选择"链接"命令，在打开的"重复拷贝/链接"对话框中设置合理的链接角度、数量、步长即可；最后对圆柱中间取孔。

知识准备

1. 编辑草图截面

基本图素都有一个默认的草图截面（XOY 平面上的截面）。例如，长方体草图截面是一个长方形，圆柱体草图截面是一个圆，多棱体草图截面是一个多边形等。可以通过修改草图截面来修改图素的几何体。具体操作如下。

1）右击图素，在弹出的快捷菜单中选择"编辑草图截面"命令，进入草图编辑界面，如图 2-38 所示。

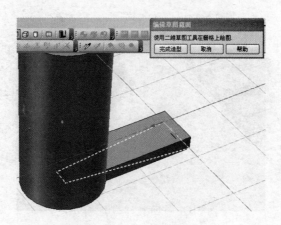

图 2-38　草图编辑界面

2）通过尺寸绘制草图，或直接拖动线条的顶点来编辑草图图形，编辑结束后，单击"完成造型"按钮，即可改变图素的形状。

2．设计树

设计树又称设计环境状态树，按照从上到下排列的顺序表示出产品的生成过程，所以在了解零件或装配件的生成顺序时，它是一种非常有用的工具。在复杂的造型过程中，通常借助设计树来选择图素、编辑对象属性、改变零件的生成顺序和历史记录。

（1）打开设计树

在"显示"下拉菜单中选择"设计树"命令，或在标准工具条中单击"设计树"按钮 ，都可以将"设计树"显示在工作区的左侧，如图 2-39 所示。

在设计树的某个项目的左边标有"+"或"–"，单击"+"可以展开设计树，单击"–"可以折叠设计树。

图 2-39　设计树窗口

（2）利用设计树操作

1）选择多个项：单击连续多个项的第一个项，在按住 Shift 键的同时单击最后一个项，可选中两项之间的所有项。按住 Ctrl 键的同时依次单击各个项，可以选择不连续的多个项。

2）编辑一个项：在设计树中右击该项名称，在弹出的快捷菜单中有很多的操作命令供选择。

3）命名一个项：两次间隔单击设计树中该项的默认名称，输入新名称后按 Enter 键即可。

（3）改变历史顺序

在 CAXA 造型中，通常先进行图素的叠加、组合，最后进行孔类图素的挖切、除料。

若提前拖入孔类图素，那后拖入的实体类图素将不能除料。此时，在设计树中将孔类图素的历史顺序拖到需要挖切的图素下方即可。

3. 三维球螺旋拷贝

在图素的三维球操作中，可以在"重复拷贝／链接"对话框中，设置步长，以实现图素在空间的螺旋式造型，操作步骤如下。

1）选中图素，调出三维球，再选择三维球作为旋转轴的定向控制手柄。

2）鼠标指针靠近旋转轴，右键拖动旋转，释放鼠标后在弹出的快捷菜单中选择"拷贝"或"链接"命令，打开"重复拷贝／链接"对话框，如图 2-40 所示。

3）设置数量、角度及步长。若是刚好螺旋一圈，则数量 × 角度 =360；步长即上升台阶间的间距。

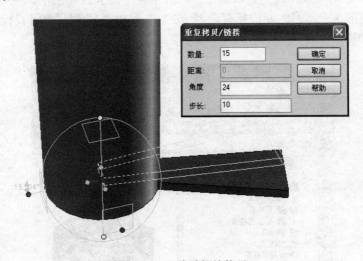

图 2-40　三维球螺旋拷贝

任务实施

1. 楼梯的造型步骤

步骤 1：启动 CAXA 实体设计软件，新建设计环境。以"楼梯"为文件名保存到硬盘。

步骤 2：从设计元素库中拖入"加强肋"图素造楼梯板。为了便于计算，按勾股弦的数值关系编辑"加强肋"的尺寸（如图 2-41 所示，设置加强肋的长度为 30，宽度为 40，则端面斜边长为 50）。

步骤 3：调出加强肋图素的三维球，按空格键使其与图素脱离后，将三维球移到斜面的某个角点上，右击定向控制手柄，在弹出的快捷菜单中选择"与边平行"命令，使其与斜边平行，如图 2-42 所示。

　　步骤 4：按空格键，使三维球与加强肋图素结合，对斜边方向的定位控制手柄用鼠标右键拖动。释放鼠标后，在弹出的快捷菜单中选择"生成线性阵列"命令，如图 2-43 所示，在打开的对话框中输入楼梯总格数，设置阵列距离为斜边长。

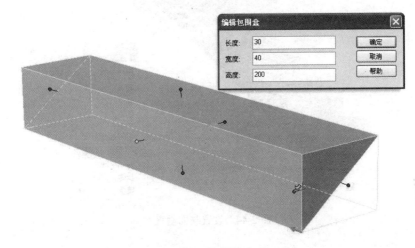

图 2-41　楼梯板造型

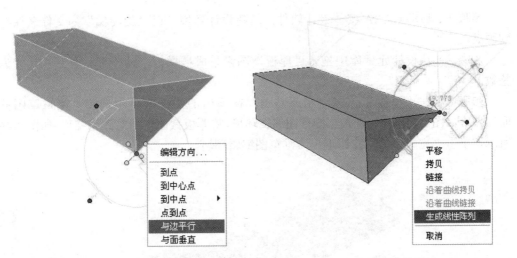

图 2-42　阵列前三维球定位定向　　　　　　图 2-43　设置线性阵列

　　步骤 5：拖入"长方体"图素，调出三维球，在定向控制手柄上右击，在弹出的快捷菜单中选择"与面垂直"命令，使其与楼梯的斜面垂直，如图 2-44 所示。

　　步骤 6：调整长方体图素的各方向尺寸，使其形成贴在下方的加强板。

　　步骤 7：检查楼梯造型完整、合理，进行适当纹理渲染后保存文件，退出软件。

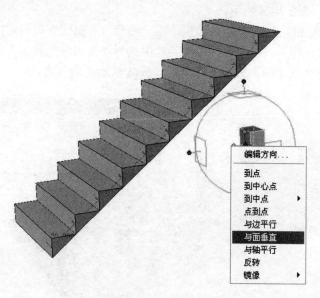

图 2-44　设置与面垂直

2．旋转梯的造型步骤

步骤 1：启动 CAXA 实体设计软件，新建设计环境。以"旋转梯"为文件名保存到硬盘。

步骤 2：从设计元素库中拖入"厚板"图素生成楼梯板，调整形状合适，尺寸为整数。

步骤 3：在"厚板"包围盒状态右击，在弹出的快捷菜单中选择"编辑草图截面"命令，如图 2-45 所示，进入二维草图编辑环境，将厚板截面矩形修改为梯形，如图 2-46 所示，单击"完成造型"按钮退出二维草图编辑环境。

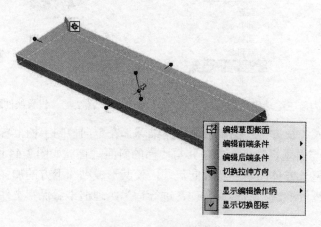

图 2-45　编辑草图截面

　　步骤 4：拖入"圆柱体"图素到厚板短边上的中点，再调整圆柱体的直径与高度至合适。

　　步骤 5：选中"厚板"，调出三维球，按空格键使其与图素脱离；然后将三维球移到圆柱体底面的中心，如图 2-47 所示。

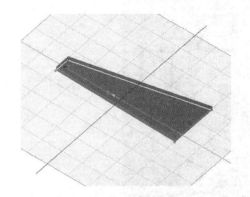

图 2-46　将矩形修改为梯形

图 2-47　三维球定位

　　步骤 6：按空格键使三维球与厚板结合，选中与圆柱轴线重合的定位控制手柄作为旋转轴线，按住鼠标右键拖动旋转，释放鼠标后，在弹出的快捷菜单中选择"链接"命令，在打开的"重复拷贝 / 链接"对话框中设置数量、角度及步长，如图 2-48 所示。一般以设置数量 × 角度 =360，步长是 3 ～ 5 倍的板厚为宜。

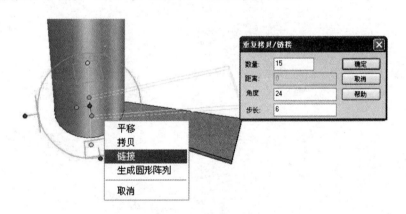

图 2-48　设置厚板的数量、角度及步长

　　步骤 7：调整圆柱体的两端与板平齐，再拖入"孔类圆柱体"图素，对圆柱进行挖空操作，使其中空。

　　步骤 8：对楼梯板及柱子进行合理的渲染后，保存文件，退出软件。

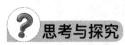　**思考与探究**

1. 什么是设计树？设计树有哪些作用？

2．简述螺旋拷贝的步骤。

拓展任务：如图 2-49 所示，运用所学的技能设计带栏杆的楼梯。

图 2-49　楼梯

项目3 综合造型

学以致用，用以促学，学了这么多CAXA软件的基本知识与基本操作。本项目将通过椅子、灯泡、手电筒的综合造型，巩固已学的知识和技能，提高分析形体、选择造型方法的能力，培养三维造型的设计思维。

知识目标

1. 学会形体分析，选择合理、快捷的造型方法。
2. 了解光源的生成与设置。

技能目标

1. 熟练掌握三维球的平移、旋转、镜像、阵列等操作。
2. 学会高级图素的"智能图素属性"设置。
3. 学会工具图素的"加载属性"设置。

情感目标

1. 培养三维造型的设计思维。
2. 培养团队交流、互助的合作意识。

任务 1　椅 子 造 型

通过前面 CAXA 实体设计的学习，大家已经对 CAXA 的三维造型有所掌握，为了掌握三维球的更多操作功能。本任务将带领大家进行椅子（图 3-1）的综合造型设计。

图 3-1　椅子

任务要求

1．熟练设计元素的拖放操作，并准确编辑智能图素尺寸。
2．熟练掌握三维球的平移、旋转、镜像、阵列等操作。
3．学会形体分析，选择合理、快捷的造型方法。
4．培养三维造型的设计思维。

任务分析

本任务要求大家先学会形体的造型分析，确定造型的方法与步骤，再结合平时的观察，设计出一把结构合理、美观大方的椅子。当椅子板的长度与宽度值相等时，造型要稍微容易一些，椅子脚与横档一起旋转拷贝要比分开拷贝快捷（为了延长椅脚形成椅背，建议此时不要选择链接）。虽然椅背的几根竖档宽度不同，但采用平移拷贝比单独造型更为简单。椅背上方的凹弧可由孔类椭圆柱挖出，当然，还可以在椅背合适位置挖出其他装饰孔，最后应该对椅子多处进行圆角处理和材质渲染。

知识准备

1. 树立设计意识

（1）尺寸要切合实际

大家在进行日常生活用品造型时，要逐渐树立按实际功能、实际比例设计的意识。例如，在进行桌子、楼梯、椅子、柜子等造型时，就当作是仿照身边的实物，直接观察身边的实物，或根据经验想象物体的大小，估计其主要的一些尺寸数值，然后按大致比例进行总体造型。如果要真正设计一个产品，就必须严格测量有关尺寸，按尺寸造型。

（2）形状要美观大方

对每个产品造型时，即自己在设计一个产品，不但要结构合理，还要保证形状美观大方。当作自己设计的产品要真正地进行生产、推向市场，造型过程中不能马马虎虎，要精益求精。造型结束后，要充分进行美化与渲染。

（3）功能要合情合理

例如，制作一张桌子或一把椅子，就需要考虑板的厚度和柱脚的粗细；制作一个篮球架也要考虑其高度、篮板及画线、篮球圈直径等结构的标准化；制作一个握在手中的鼠标，其各部分的尺寸大小、弧度都要符合使用要求。该圆角的地方就要圆角，该有弧度的地方就尽量曲线、曲面造型。

2. 讲究造型效率

（1）学会形体分析

俗话说"三思而后行"，在造型之前，先花几分钟的时间对造型体进行形体分析，理清造型思路，选择合适的造型方法是很重要的。没有经过思考分析，在不清楚形体各组成部分及相互之间的关系时进行造型，容易事倍功半、浪费时间。

（2）灵活运用三维球

三维球的功能非常强大，也是 CAXA 软件操作的核心技能。对于重复的、结构相似的形体，不管是对称的、线性分布的，还是圆形排列的，都可以利用三维球的拷贝、链接、镜像、阵列等功能，这将会大大减少重复操作，提高造型效率。

（3）掌握技巧和要领

对于本书中的小技巧、提示及各造型任务中的操作要领等，尽量理解并融会贯通。对常用的功能键、快捷键应该牢记，发挥左手在键盘上操作的配合作用，将会明显提高速度。在造型练习中，也要经常思考其他的造型方法，探索出一些适合自己的、比较快捷的造型技巧。

任务实施

步骤 1：启动 CAXA 实体设计软件。新建设计环境。以"椅子"为文件名保存到硬盘。

步骤 2：拖入"长方体"图素造椅子板，调整包围盒至尺寸合适并编辑尺寸为整数。若长度与宽度尺寸相同，则便于旋转拷贝操作，下面的造型相对简单，请记下这两个方向的尺寸。

提示：本任务造型过程中，调整长方体图素的尺寸时，尽量选择不需要保证尺寸对称变化的包围盒操作手柄右击、再同时修改包围盒三个方向尺寸，就能确保另两个方向对称。

步骤 3：拖入"长方体"图素到椅子板的中心造出椅脚，调整包围盒至尺寸合适并编辑尺寸为整数，如图 3-2 所示。选中椅脚，按 F10 键激活三维球，通过三维球上的二维平面，将椅脚沿椅子板平面移动到某个角上，如图 3-3 所示，注意与两个方向的板边缘保持相等、合适的距离。

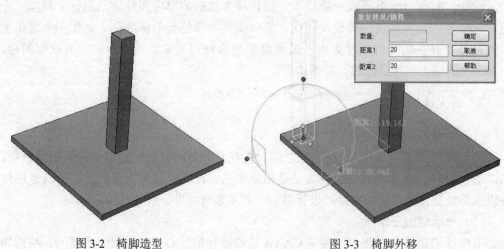

图 3-2　椅脚造型　　　　　　　　　　　　图 3-3　椅脚外移

步骤 4：拖入"长方体"图素到椅脚侧面中心生成横档，调整包围盒至尺寸合适并编辑尺寸为整数，如图 3-4 所示，最好能计算出横档的长度并预先调整好。

步骤 5：按住 Shift 键选中椅脚和横档（或者在设计树中选中），按 F10 键激活三维球，再按空格键使三维球与图素脱离，拖动三维球中心控制手柄到椅子板中心。再按空格键使三维球与图素结合，选中三维球中垂直椅子板的定位控制手柄使之成为旋转轴。按住鼠标右键拖动旋转椅脚和横档，释放后在弹出的快捷菜单中选择"拷贝"命令，如图 3-5 所示，在打开的"重复拷贝 / 链接"对话框中设置数量为"3"，角度为"90"，形成所有椅脚和横档。检查横档长度是否合适，并做调整。

图 3-4　横档造型

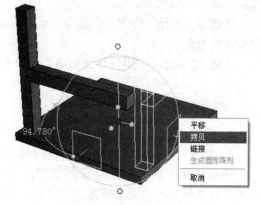

图 3-5　椅脚与横档拷贝

注意：此时不能用"链接"或"生成圆形阵列"命令，否则一根椅脚拉长后，其他椅脚联动。

步骤6：将作为椅背的两根椅脚拉长到合适长度，编辑包围盒尺寸为相近整数，如图 3-6 所示。再拖入"长方体"图素到椅背脚上表面中心造椅背上板，调整包围盒至尺寸合适并编辑尺寸为整数。

步骤7：拖入"长方体"图素到椅背上板下表面的中心造中间竖档，调整包围盒至尺寸合适并编辑尺寸为整数。选中竖档，按 F10 键激活三维球，右键拖动定向控制手柄，向两边各拷贝出一根竖档，再编辑竖档的宽度至合适，如图 3-7 所示。

图 3-6　背柱造型

图 3-7　椅背造型

步骤8：拖入"孔类椭圆柱"图素到椅背上板合适位置挖出凹弧，调整包围盒至尺寸合适并编辑尺寸为整数。选中凹弧，激活三维球并与图素脱离，将三维球定在上板中心，再与图素结合，右击定向控制手柄，在弹出的快捷菜单中选择"镜像/链接"命令，形成另一侧凹弧。

步骤9：选择"边圆角"命令，设置合适的圆角半径，对椅子板和椅背上的一些边进行圆角美化。

步骤10：对椅子进行材质渲染后，保存文件，退出软件。

? 思考与探究

1．CAXA 造型时，如何提高造型效率？

2．如何将多个图素沿圆周方向进行复制？

拓展任务：通过一张椅子的造型，大家已明白造型方法的分析与选择是至关重要的。方法得当时将大大缩短造型时间，并使造型得心应手。图3-8 所示的组合柜又该如何设计呢？

图3-8　组合柜

任务2　灯泡造型

在设计元素库中，大家还没有接触过一些高级图素、工具图素和表面光泽图素等。本任务通过一只灯泡（图3-9）的造型来了解这些图素。

图3-9　灯泡

任务要求

1. 熟悉高级图素的"智能图素属性"设置。
2. 熟悉工具图素的"加载属性"设置。
3. 熟练三维球的综合运用。
4. 培养三维造型的设计思维。

任务分析

本任务要求大家先学会形体的造型分析，确定造型的方法与步骤，再结合平时的观察，设计出一只结构合理、比例协调的灯泡。拖入设计元素库中的"圆柱体""紧固件""部分圆锥体"等图素进行灯泡下部主体造型，并学会智能图素属性的编辑。拖入"键""圆柱体""弹簧"等图素设计灯丝及支座。然后拖入球体形成独立零件，通过孔类球体挖空形成玻璃壳。对玻璃壳、灯丝及支座部分进行渲染，通过三维球组合得到漂亮的灯泡。

知识准备

1. 高级图素属性

高级图素库是智能库的一个补充，其中包含了一些扩充的几何形体，如三角体、半圆柱、圆台体、多棱体等，波纹体和矩形齿等齿类几何体，以及一些几何体阵列等。

高级图素的基本使用方法与智能图素一样，也需要拖放到设计环境中，然后对其包围盒进行编辑。但是，高级图素是一组参数化的图素，在智能图素编辑状态下右击，在弹出的快捷菜单中选择"智能图素属性"命令，在打开的"旋转特征"对话框中可进行参数的设置，如图 3-10 所示。

- "常规"选项卡：显示智能图素的类型及名称。
- "包围盒"选项卡：调整包围盒长度、宽度和高度方向的尺寸值；设置拖动包围盒操作柄改变尺寸时，调整尺寸包含关于包围盒中心、关于定位锚、从相反的操作柄三种方式。
- "定位锚"选项卡：设置该智能图素的定位锚的位置、方向等。
- "位置"选项卡：给出了图素定位锚相对父零件定位锚点的位置和方向。
- "抽壳"选项卡：对图素进行抽壳，形成薄壁。
- "表面编辑"选项卡：选择不同的选项使图素表面发生某种变形。默认的选项是"不重构"（不进行表面编辑）。
- "棱边编辑"选项卡：设置图素各边的倒角或者倒圆角过渡。
- "变量"选项卡：这是高级图素特别的属性页，不同的图素，其变量表中的内容也不相同。基本上可以根据其数值名称确定它的物理含义。
- "旋转"选项卡：设置特征生成方法的有关参数。此选项卡也可能是"拉伸""扫描""放样特征"选项卡。

- "交互"选项卡：设置用户的鼠标操作对智能图素的影响。

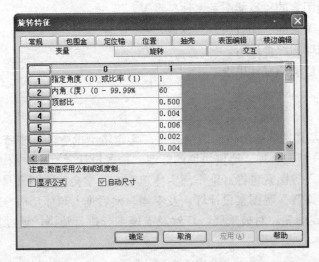

图 3-10　高级图素的"旋转特征"对话框

2．工具图素属性

工具图素库包含 3 个方面的内容：设计工具、标准件、自定义孔。

设计工具包括阵列、装配、拉伸、BOM（物料清单）明细表工具。标准件也是一组参数化的图素，通过设定图素参数可改变图素的形状及尺寸。例如，在设计环境中拖入"齿轮""紧固件""轴承""自定义孔"等图素时，会打开相应的对话框，在对话框中可以进行类型选择或参数设置。例如，"紧固件"对话框如图 3-11 所示。对已有图素，要打开其对话框的方法有以下两种。

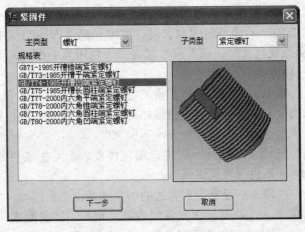

（a）

图 3-11　"紧固件"对话框

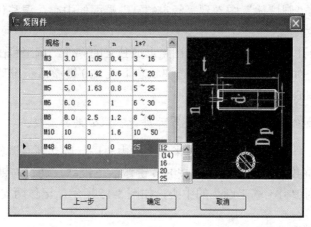

（b）

图 3-11 "紧固件"对话框（续）

- 在智能图素编辑状态下右击，在弹出的快捷菜单中选择"加载属性"命令。
- 在零件编辑状态，双击图素也可打开"加载属性"对话框。

任务实施

步骤1：启动 CAXA 实体设计软件，新建设计环境。以"灯泡"为文件名保存到硬盘。

步骤2：从"工具"设计元素库中拖入"紧固件"图素，在打开的对话框如图 3-11（a）所示，在"主类型"下拉列表中选择"螺钉"选项，在"子类型"下拉列表中选择"紧定螺钉"选项，在"规格表"列表中选择"GB/T 74—1985 开槽凹端紧定螺钉"选项，单击"下一步"按钮，在打开的对话框中修改各参数值，如图 3-11（b）所示，其中槽宽与槽深设置为0，单击"确定"按钮即可，效果如图 3-12 所示。

步骤3：拖入高级图素中的"部分圆锥体"图素到"紧定螺钉"端面的中心后右击，在弹出的快捷菜单中选择"智能图素属性"命令，在打开的对话框中进行参数的设置。本任务也可以通过包围盒来调整部分圆锥体的尺寸，如图 3-13 所示。

图 3-12 螺纹造型

图 3-13 触点造型

步骤 4：拖入"圆柱体"图素到"紧定螺钉"端面的中心，调整包围盒至尺寸合适并编辑尺寸为整数。

步骤 5：在设计环境中拖入"键"图素形成独立的零件，调整包围盒至尺寸合适并编辑尺寸为整数，如图 3-14 所示。在选中状态下按 F10 键激活三维球，通过三维球将其移到圆柱体的中心。

提示：形成独立零件，便于对整个零件进行不同效果的渲染。

步骤 6：拖入"圆柱体"图素到键半圆头的中心进行造支杆，调整包围盒至尺寸合适并编辑尺寸为整数。在选中状态下按 F10 键激活三维球，通过右键拖动三维球中心控制手柄，复制到键另一端半圆头的中心，如图 3-15 所示，记住两支杆距离。

图 3-14　键造型

图 3-15　支杆造型

步骤 7：从"工具"设计元素库中拖入"弹簧"图素生成灯丝，当其处于智能图素编辑状态时，右击图素，在弹出的快捷菜单中选择"加载属性"命令，如图 3-16 所示。在打开的"弹簧"对话框中设置圈数为 2，初始螺距 p_1 为两支杆距离的一半，截面直径 d 为 1，其他参数取默认值，如图 3-17 所示。调整弹簧的包围盒，形成大小合适的灯丝。通过三维球将灯丝移到支杆顶端，并旋转到水平方向。对灯丝进行亮黄色渲染，效果如图 3-18 所示。

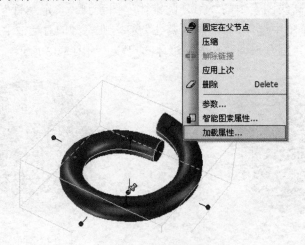

图 3-16　加载弹簧属性

图 3-17 "弹簧"对话框

步骤 8：拖入"球 2"图素形成独立的零件造玻璃泡，参照灯头圆柱体直径，修改其包围盒尺寸，使球体大小合适，并可以在一侧切出一个平面。

步骤 9：再拖入"孔类球体"图素，在球上切挖出一个孔类球，然后选择孔类球体，调出三维球，通过使用"到中心点"命令使其与球心重合，如图 3-19 所示。

步骤 10：将玻璃泡以透明玻璃渲染，再用三维球将其移到灯头圆柱体中心线上的合适位置。

步骤 11：检查灯泡造型，保存文件，退出软件。

图 3-18 灯丝

图 3-19 玻璃泡造型

? 思考与探究

1. 什么是高级图素？如何设置其相关参数？
2. 工具图素库包含哪些内容？如何选择类型或设置参数？

拓展任务：请仿造图 3-20 所示的节能灯。

图 3-20　节能灯

任务 3　手电筒造型

在设计元素库中，一些高级图素、工具图素也会经常用到；另外，有很多场景，还需要配上光源实现更好的渲染效果。接下来通过手电筒（图 3-21）的综合造型，让大家对此有更多的了解。

图 3-21　手电筒

任务要求

1. 学会抽壳操作。
2. 熟悉弹簧工具图素的"加载属性"设置。
3. 学会光源的生成与设置。
4. 培养三维造型的设计思维。

任务分析

本任务要求大家先学会形体的造型分析，确定造型的方法与步骤，再结合平时的观察，设计出一只结构合理、比例协调的手电筒。灯头部分由圆柱体、孔类球体进行造型，并以齿形波纹体、部分圆锥体和球体造出小灯泡，圆柱体加上孔类圆柱体造出玻璃片及前盖。中间筒体部分由圆柱体与键组合后，通过抽壳或孔类圆柱体挖空。后盖由圆柱体、孔类圆柱体造型，然后在内部添加圆锥形变螺距的弹簧。最后在灯头小灯泡处添加合适的聚光灯光源，起到渲染效果。

知识准备

1．抽壳

抽壳是将一个图素或零件挖空，对于制作容器、管道和其他内空零件或产品十分有用。抽壳的步骤如下。

1）选中抽壳零件，单击工具条上的"抽壳"图标。在设计环境左侧弹出抽壳设置面板，如图 3-22 所示。

2）先设置抽壳的类型是里边、外边还是两侧，再拾取等待抽壳的面。

- 里边：从表面到实体内部张肉的厚度。
- 外边：从表面向外张肉的厚度。
- 两侧：以表面为中心分别向外张肉的厚度。

图 3-22　抽壳设置

3）输入抽壳后的壁厚数值，单击"√"按钮应用。

2．弹簧的图素属性

当从"工具"设计元素库中拖出某个"弹簧"图素并释放到设计环境中时，会打开相应的对话框，其中有大量可用于生成各种弹簧的属性选项，为自定义弹簧的生成提供了许多强大的功能。如图 3-23 所示，属性选项如下。

1）高度：可用高度值（h）或圈数（c）来确定。

2）螺距：每圈的间距，有等螺距和变螺距两种。不管是等螺距弹簧还是变螺距弹簧，都要设置初始螺距（p_1）；变螺距弹簧还要设置最终螺距（p_2）。

3）截面：指弹簧钢丝截面类型，该截面会出现在预览窗口中。截面有圆形、矩形、三角形和自定义 4 种类型，它们都需要设置对应的截面参数尺寸。如果选择自定义截面类型，在完成其他的参数定义后，需要选择一个二维轮廓作为截面。

4）半径：半径类型有统一半径（圆柱弹簧）和变半径（圆锥弹簧）两类。半径测量类型有截面内部、截面外部和截面中心 3 种。变半径弹簧需要输入底部半径（r_1）和顶部半径（r_2）。

5）属性：选中"反转方向"复选框可生成左旋弹簧，选中"除料"复选框可挖出螺旋槽。

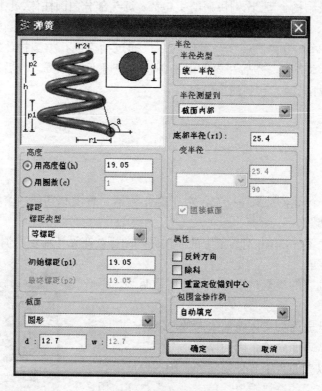

图 3-23 弹簧的属性设置

6）包围盒操作柄：定义螺旋特征包围盒尺寸的修改效果。

- 无：选择此选项可设定在改变包围盒尺寸时不改变螺旋特征。
- 自动填充：选择此选项可在必要时增加或减少弹簧的圈数，以便与包围盒尺寸相适应。
- 自动间隔：选择此选项可按需要使弹簧的圈数不变，但增加或减小它们之间的间距，以便与其包围盒的尺寸相适应。

3. 光源的生成

选择"生成"下拉菜单中的"光源"命令，并在设计环境中单击插入光源的位置，打开"插入光源"对话框，如图 3-24 所示。

选择光源类型，如手电筒造型选择"聚光源"类型，单击"确定"按钮，打开光源向导对话框，如图 3-25 所示。光源向导的 3 页设置如下。

- 第 1 页设置光源亮度值及光源颜色。
- 第 2 页设置光源是否产生阴影。
- 第 3 页设置光源光束角度和光束散射角度。

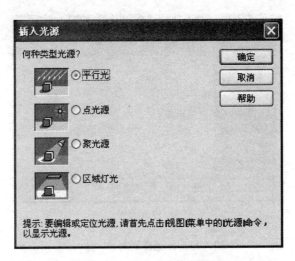

图 3-24 "插入光源"对话框

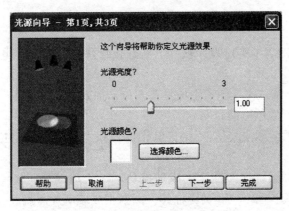

(a)

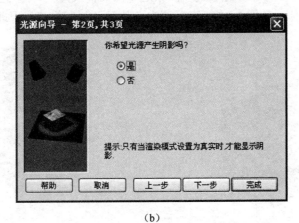

(b)

图 3-25 光源设置向导

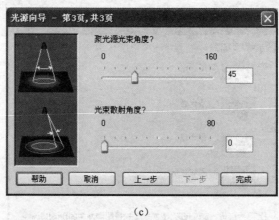

（c）

图 3-25 光源设置向导（续）

建议大家在对话框设置过程中，观察其中预览框的效果，大胆地尝试相关的设置。

任务实施

步骤 1：启动 CAXA 实体设计软件，新建设计环境。以"手电筒"为文件名保存到硬盘。

步骤 2：拖入"圆柱体"图素生成灯头部分，拖入"孔类球体"图素挖切，生成灯泡聚光部分，并进行颜色渲染。

步骤 3：拖入"齿形波纹体""部分圆锥体"和"球体"图素生成小灯泡，并进行颜色渲染。

步骤 4：拖入"圆柱体"图素生成玻璃片，赋予玻璃表面光泽，如图 3-26 所示。再用"圆柱体"图素和两个"孔类圆柱体"图素生成玻璃片前盖。

步骤 5：拖入"圆柱体"与"键"图素造中间筒体及开关，通过抽壳或孔类圆柱体挖切得到中空的筒体，如图 3-27 所示，要求筒体尺寸与灯头部分合理接合。

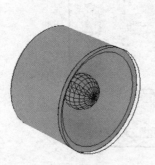

图 3-26 手电筒灯头

图 3-27 手电筒筒体

步骤6：拖入两个"圆柱体"图素与一个"孔类圆柱体"图素生成后盖，要求后盖尺寸与筒体合理接合。

步骤7：拖入工具图素库中的"弹簧"图素，如图 3-28 所示，在打开的"弹簧"对话框中设置成"变螺距"（上密下疏）、"变半径"（上小下大）的圆锥形弹簧，然后用三维球进行旋转定向，并移入后盖，如图 3-29 所示。

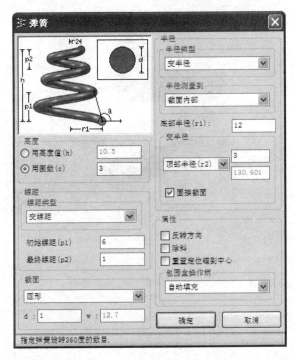

图 3-28　弹簧的属性设置

步骤8：在灯头小灯泡处插入光源，光源类型为聚光灯，合理设置光源向导的参数。再用三维球对聚光光源的位置、角度、方向做合理的调整，呈现手电筒发光的效果，如图 3-30 所示。

图 3-29　后盖造型

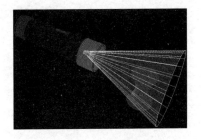

图 3-30　添加光源效果

步骤9：关于手电筒的更多细节，大家可自行完善，制作完成至满意后保存文件，退出软件。

思考与探究

1. 什么是抽壳？抽壳适合于什么结构造型？

2. 插入光源向导能进行哪些设置？

拓展任务：请设计图 3-31 所示的射灯。

图 3-31　射灯

项目4 特征造型

　　尽管CAXA实体设计软件包含了图素、高级图素、工具图素等相当多的图素类型，但在很多情况下，仍需利用二维自定义图素生成三维智能图素。本项目通过酒杯、手机、篮球架及烟灰缸的造型，分别介绍旋转、拉伸、扫描和放样4个特征造型。

知识目标

　　1. 熟悉二维设计环境及二维绘图、编辑、约束、辅助等工具。
　　2. 了解旋转、拉伸、扫描、放样特征造型的特点及适用场合。
　　3. 理解并能分析出特征造型时二维草图的出错原因。
　　4. 理解并学会3D投影方法。

技能目标

　　1. 学会分析旋转、拉伸、扫描、放样特征造型的草图截面，并能顺利地绘制。
　　2. 掌握特征造型出错时，对二维图草图的查错及修复。
　　3. 学会三维文字造型。

情感目标

　　1. 培养耐心、细致、严谨的学习作风。
　　2. 提高分析问题及解决问题的能力。

任务1 酒杯造型

在日常用品中，带有旋转轴线的旋转形体（如酒杯）是相当常见的。本任务开始介绍二维设计环境、二维绘图、编辑、约束和辅助等工具，以满足酒杯（图4-1）等旋转体造型的需要。

图4-1 酒杯

任务要求

1. 熟悉二维设计环境及二维绘图、编辑、约束、辅助等工具。
2. 了解旋转特征造型的特点及适用场合。
3. 学会分析旋转特征造型的草图截面，并能顺利地绘制。
4. 掌握对二维图形的查错，能修复造型失败的截面。

任务分析

本任务要求大家在二维设计环境中能熟练地运用二维绘图工具、编辑工具、约束工具和辅助工具等常用的工具，学会分析旋转特征造型的二维截面图形，并能在二维设计环境中顺利地进行绘制。若造型没有成功，也要掌握分析和查找错误的方法，并能根据系统提示修改二维图形。旋转特征造型只需要画出轴截面的一半，画到旋转轴中止，要根据旋转体是否空心绘制出正确的二维图形。

知识准备

1. 旋转特征造型

旋转特征是一条直线、曲线或一个二维截面绕一根轴线旋转生成的三维造型。其中，二维截面图形可以是任意形状的几何图形，但必须是封闭的，不能有其他多余的线条。

当旋转轴线与二维截面没有重合边时，将生成空心的或不封闭的三维造型。

旋转特征造型适合于有回转轴线的零件，可以旋转一周，也可以只旋转一定角度。

2．旋转特征向导

在"特征生成"工具条上单击"旋转"按钮 ，拾取草图的定位点，打开旋转特征向导对话框，如图 4-2 所示。

（a）

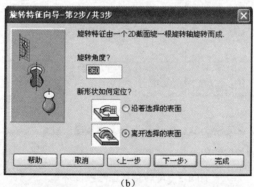

（b）

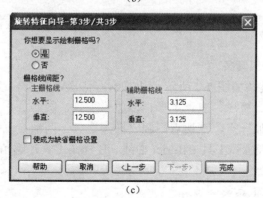

（c）

图 4-2 旋转特征向导

第1步：设置新图素如何影响已有零件（是独立实体、增料还是除料）。

第2步：输入旋转角度，设置新形状如何定位（是沿着选择的表面还是离开选择的表面）。

第3步：设置是否显示栅格，及设置栅格的间距。

3．二维绘图环境

完成旋转特征向导设置后，在工作区出现旋转特征二维绘图环境，是"*X-Y*"坐标平面一半的栅格坐标平面，同时打开"编辑草图截面"对话框。此时，二维绘图工具、编辑工具和约束工具等都被激活，如图 4-3 所示。按要求绘制图形后，单击"完成造型"按钮即可。

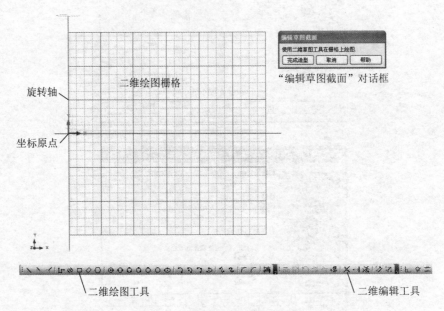

图 4-3　旋转特征二维绘图环境

4．二维截面工具

（1）"二维绘图"工具条

"二维绘图"工具条如图 4-4 所示，从左到右依次是两点直线、切线、法线工具，连续折线、连续圆弧、矩形、三点矩形、多边形工具，圆心加半径、两点、三点、一切点加两点、两切点加一点、三切点画圆、椭圆工具，两端点画圆弧、圆心和端点画圆弧、三点画圆弧、椭圆弧工具；Bezier 曲线、B 样条工具，圆角、倒角工具，构造几何工具。

（2）"二维编辑"工具条

"二维编辑"工具条如图 4-5 所示，从左到右依次是移动曲线、缩放曲线、旋转曲线、镜像、等距、投影 3D 边工具，打断、延长曲线到曲线、裁剪曲线工具，显示曲线、尺寸显示端点位置工具。

图4-4 "二维绘图"工具条

图4-5 "二维编辑"工具条

（3）"二维约束"工具条

"二维约束"工具条如图4-6所示，从左到右依次是垂直约束、相切约束、平行约束、水平约束、铅垂约束、同心圆或同心圆弧约束、尺寸约束、等长约束、角度约束、共线约束、重合约束、镜像约束、投影约束、固定几何约束。

图4-6 "二维约束"工具条

（4）"二维辅助线"工具条

"二维辅助线"工具条如图4-7所示，从左到右依次是构造直线、垂直构造直线、水平构造直线、切线构造直线、垂线角和等分线构造线。

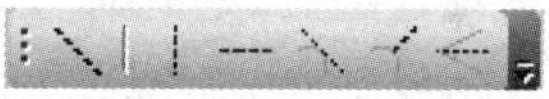

图4-7 "二维辅助线"工具条

5．修复失败的截面

如果在"特征生成"工具条上单击"完成"按钮后，CAXA没有将二维截面特征生成三维造型，这时会弹出解释性"截面编辑"对话框，同时，截面上有问题的几何图素以红色高亮显示。通常"编辑草图截面"失败的原因有以下两种。

● 草图截面上的线条多余、重叠，或线头没有修剪等。
● 草图截面上的草图没有封闭，或组成多个封闭的区域。

若编辑截面失败，可在对话框中单击"编辑草图截面"按钮，耐心地查找红色高亮密集区中的线条。通常旋转特征草图截面中，与旋转轴重合的线条可画可不画，但画出的线条不得超过旋转轴线，并且形成封闭的区域，不得有任何多余线条。

任务实施

步骤1：启动CAXA实体设计软件，新建设计环境。以"酒杯"为文件名保存到硬盘。

步骤 2：在"特征生成"工具条上单击"旋转"按钮 ⑤，拾取草图的定位点后，打开旋转特征向导对话框，第 1 步选择独立实体，第 2 步默认旋转角度为"360"并选中"沿着选择的表面"单选按钮，第 3 步栅格的显示与间距省略不设，单击"完成"按钮。

步骤 3：用二维绘图工具、二维编辑工具和二维约束工具先绘制如图 4-8 所示的轮廓，再进行圆角过渡及等距设置如图 4-9 所示，然后补齐草图线条，如图 4-10（a）所示。

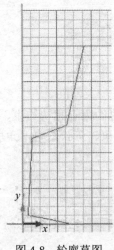

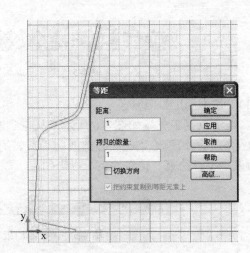

图 4-8　轮廓草图　　　　　　　　　　　图 4-9　等距偏移

提示：在绘制二维图形时，栅格面是可以转动的，当角度倾斜不方便画图时，可按功能键 F7，当鼠标指针变成食指指向状态时，单击栅格面可使其转正。二维绘图时一定要有细致的工作态度和新颖的设计理念，合理选择各种工具，画出漂亮的二维图形。

步骤 4：若觉得酒杯形状不满意，选中酒杯右击，在弹出的快捷菜单中选择"编辑草图截面"命令可返回二维绘图环境，修改酒杯截面二维图形，如图 4-10（b）所示。

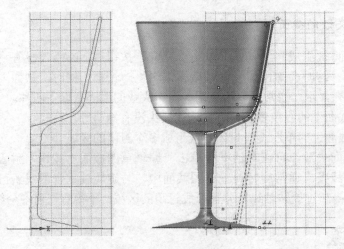

图 4-10　编辑草图截面

步骤5：对酒杯进行表面光泽或颜色的适当渲染后，保存文件，退出软件。

思考与探究

1．旋转特征适合于哪类零件的造型？

2．特征造型时，如何修复失败的截面？

拓展任务：通过酒杯的造型，大家已初步掌握了旋转特征造型的基本方法，请继续尝试图4-11所示的台灯设计。

图4-11　台灯

提示：台灯造型可以分成灯罩、灯柱两个部分单独造型，然后进行不同颜色的渲染，再通过三维球的合理定位添加灯泡及灯罩的支撑部分，得到完整的台灯。

任务2　手机造型

通过酒杯的旋转特征造型，大家对二维设计环境、二维绘图工具、编辑工具、约束工具和辅助工具等都有了初步的了解。在日常生活中还有很多用品是具有一定厚度、截面相同的，这就要采用拉伸特征造型。如图4-12所示，比起当前的智能手机，这个旧式手机尽管显得难看，但会让我们学到很多拉伸特征造型的技能。

图4-12　手机坯体

任务要求

1. 熟练运用二维设计环境及二维绘图、编辑、约束、辅助等工具。
2. 理解并学会 3D 投影。
3. 了解拉伸特征造型的特点及适用场合。
4. 学会分析拉伸特征造型的草图截面，并能正确绘制。
5. 学会三维文字造型。

任务分析

本任务要求大家首先熟悉二维设计环境、二维绘图工具、编辑工具、约束工具和辅助工具等，然后分析手机坯体在两个方向上是如何拉伸造型的，是拉伸独立实体、增料还是除料，拉伸特征造型的草图截面又是怎样的，再在拉伸特征的二维设计环境中正确地绘制草图截面。若造型没有成功，也能根据二维草图中的红色提示，对草图截面进行查错与改正，直到拉伸造型成功为止。

知识准备

1. 拉伸特征造型

拉伸特征是将一个任意形状的二维截面沿第三方向拉成指定高度的三维造型。在"特征生成"工具条上单击拉伸工具按钮 ⏚ ，拾取定位点，打开拉伸特征向导对话框，如图 4-13 所示。

第 1 步：设置新图素如何影响已有零件（是独立实体、增料还是除料）。

第 2 步：设置单向拉伸或双向对称拉伸，以及拉伸方向（是沿着还是离开选择的表面）。

第 3 步：设置单 / 双向拉伸的拉伸距离，或设置拉伸的前后端条件。

第 4 步：设置栅格的间距和显示与否，通常保持默认设置。

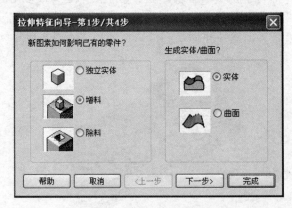

（a）

图 4-13 拉伸特征向导

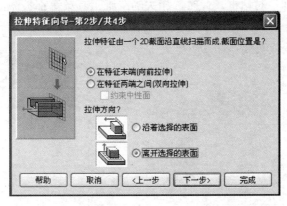

（b）

（c）

（d）

图 4-13 拉伸特征向导（续）

2．二维绘图环境

完成拉伸特征向导设置后，工作区内显示一个完整的"*X-Y*"栅格坐标平面，同时打开"编辑草图截面"对话框。此时，相关的二维工具条等都被激活，如图 4-14 所示。

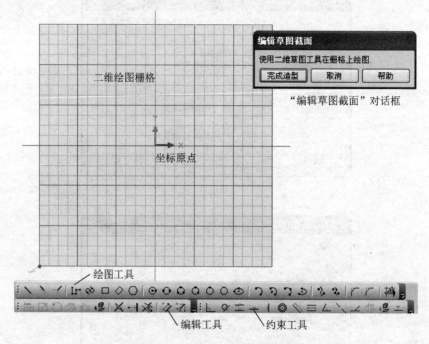

图 4-14　拉伸特征二维绘图环境

3．投影 3D 边

"投影 3D 边"工具是实体设计中一个功能强大的工具，它可以将实体造型的棱边或面投影到二维绘图栅格上，轻而易举地生成新的二维线条，如图 4-15 所示。

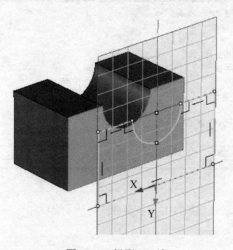

图 4-15　投影 3D 边

注意："投影 3D 边"工具不适用于球体。

4．三维文字造型

如果图素或零件设计中需要包含三维文字，可使用实体设计的文字功能。在实体设计中，三维文字也是一种智能图素，它具有许多与其他图素相同的特点。

添加三维文字有以下两种方法。

- 从附加设计元素"文字"中选择预制的文字图素，将其拖放到设计环境中。
- 从"特征生成"工具条中单击文字工具按钮 $\mathbf{A}$，拾取三维文字定位点后，打开文字向导对话框，如图 4-16 所示。

（a）

（b）

（c）

图 4-16　三维文字向导

第 1 页：设置文字的高度与深度。

第 2 页：设置文字边界如何倾斜。

第 3 页：确定三维文字如何定向。

屏幕上显示一个文字编辑窗口，闪烁光标位于默认文字的结尾处，编辑文字。在智能图素编辑状态下，编辑包围盒尺寸并控制文字的大小，双击文字可编辑文字内容。

若宽度不够造成文字分行，可拉伸包围盒手柄调整到一行；若文字方向不对，可按 F10 键激活三维球，然后进行旋转。

任务实施

步骤 1：启动 CAXA 实体设计软件，新建设计环境。以"手机"为文件名保存到硬盘。

步骤 2：在"特征生成"工具条上单击拉伸工具按钮 ⊿，任意选择草图原点，打开拉伸特征向导对话框，第 1 步选择独立实体，第 2 步选择单向拉伸和离开选择的表面，第 3 步设置拉伸的厚度。

步骤 3：用二维绘图工具、二维编辑工具和二维约束工具先按常用手机的大小，参照栅格绘制手机的大致轮廓草图，如图 4-17 所示。再通过"草图"工具条的圆角过渡及镜像命令得到完整的草图截面，如图 4-18 所示。在图 4-19 中单击"完成造型"按钮即可拉伸出手机坯体。

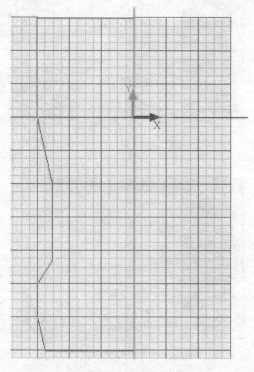

图 4-17　手机轮廓草图

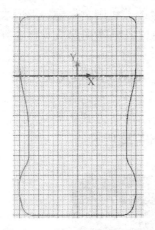

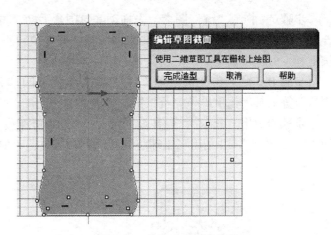

图 4-18 手机完整的草图截面   图 4-19 拉伸出的手机坯体

步骤 4：如果对手机形状不满意，在选中手机的状态下右击，在弹出的快捷菜单中选择"编辑草图截面"命令，重新进入二维草图环境进行修改，满意后单击"完成造型"按钮退出草图。

步骤 5：再次执行拉伸命令，拾取手机上表面中心线上某点作为草图的定位点后，单击拉伸工具按钮打开拉伸特征向导对话框。第 1 步选择除料；第 2 步选择双向拉伸和沿着选择的表面（若选成离开选择的表面，画二维图前可用三维球将栅格转动90°）；第 3 步设置除料拉伸距离为手机宽度的一半；第 4 步栅格设置可取默认值，单击"完成"按钮进入二维草图环境。

步骤 6：用二维绘图工具、二维编辑工具和二维约束工具绘制如图 4-20 所示的二维草图，单击"完成造型"按钮退出草图，实现拉伸除料。

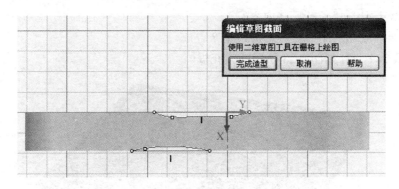

图 4-20 拉伸除料的草图截面

注意：若需要修改草图截面，选中拉伸造型体右击，在弹出的快捷菜单中选择"编辑草图截面"命令，就可以重新进入草图截面编辑环境。若拉伸体方向反了，选中拉伸造型体右击，在弹出的快捷菜单中选择"切换拉伸方向"命令即可。另外，拉伸除料所绘制的截面封闭区域是要切去的部分。

步骤 7：拖入"键"图素，先拖动其包围盒手柄，再修改其包围盒尺寸，形成大小合适的一个手机按键。通过三维球将按键合理定位，再通过二维阵列形成 4 行 3 列的按键。

步骤 8：用"孔类长方体"图素造出屏幕下凹部分，再使用"边过渡"或"边倒角"等工具美化手机外壳及按键，如图 4-21 所示。

步骤 9：用三维文字工具设置合适的高度和深度值，定向方式为"后面"，添加"中国××"，并利用三维球将其移动到合适位置，如图 4-22 所示。

图 4-21　按键屏幕造型　　　　　　　　图 4-22　屏幕文字造型

步骤 10：对手机的不同部位用颜色、表面光泽、纹理、材质等进行适当的渲染，最后保存。

？ 思考与探究

1．二维设计环境包括哪些内容？
2．拉伸特征适合于哪类零件的造型？
拓展任务：设计如图 4-23 所示的天花板。

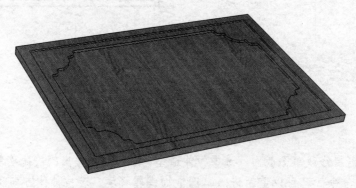

图 4-23　天花板

提示：天花板有两层下凹部分，要求第一层、第二层均占总板厚的 1/3，其他部分尺寸没有要求，按照样图的比例进行造型即可，下凹部分的花角形状尽量设计得漂亮有个性。

任务 3 篮球架造型

若零件横截面处处相同，但轨迹线是直的，那么大家可以用已学的拉伸特征造型。如果零件横截面处处相同，但轨迹线是弯曲的，则应采用扫描特征进行造型。如图 4-24 所示，篮球架的立柱应采用扫描特征造型。

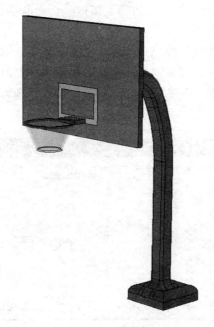

图 4-24 篮球架

任务要求

1. 熟练运用二维设计环境及二维绘图、编辑、约束、辅助等工具。
2. 了解扫描特征造型的特点及适用场合。
3. 学会分析扫描特征造型的轨迹线及截面图形，并能熟练绘制。
4. 熟练地进行二维草图的查错，并能分析出错的主要原因。

任务分析

本任务要求大家学会分析特征造型的轨迹线及截面图形，并能熟练地运用二维绘图工具、编辑工具、约束工具和辅助工具，顺利地绘制出二维草图。在绘制二维草图的过程中，轨迹线不光滑、截面形状太大或不封闭，以及有多余线条等都很容易导致扫描造型的失败，为避免造型的出错要养成良好的画图习惯。

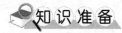知识准备

1. 扫描特征造型

扫描特征生成自定义智能图素的方法是使二维截面沿一条指定的扫描曲线运动。扫描轨迹曲线可以是一条直线、一条 B 形曲线或一条圆弧线。扫描特征生成的自定义智能图素的两端表面形状相同。

在"特征生成"工具条上单击"扫描"按钮 ，拾取草图的定位点后，打开扫描特征向导对话框，如图 4-25 所示。

第 1 步：设置新图素如何影响已有零件（是独立实体、增料还是除料）。

第 2 步：设置新特征如何定位（是沿着表面还是离开表面）。

第 3 步：选择扫描线是 2D 导动线中的直线、圆弧或 Bezier 曲线还是 3D 曲线，是否允许沿尖角扫描等。

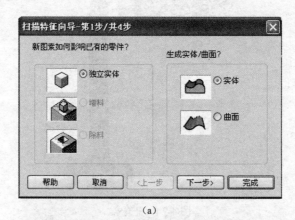

(a)

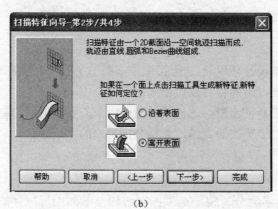

(b)

图 4-25　扫描特征向导

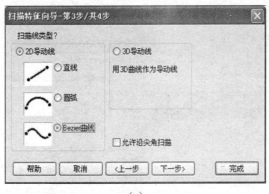

（c）

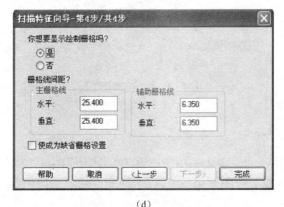

（d）

图 4-25 扫描特征向导（续）

第 4 步：设置栅格的间距和显示与否，通常保持默认设置。

单击"完成"按钮，打开绘图栅格及"编辑轨迹曲线"对话框，如图 4-26 所示。再在二维绘图栅格上修改或重新绘制扫描轨迹曲线，单击"完成造型"按钮后，打开绘图栅格及"编辑草图截面"对话框，如图 4-27 所示。二维截面草图绘制完成后，单击"完成造型"按钮，则在设计工作区中扫描生成三维造型。

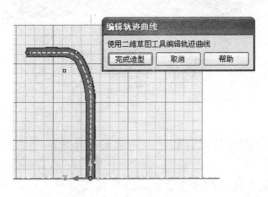

图 4-26 编辑轨迹曲线

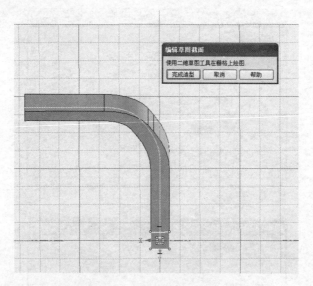

图 4-27　编辑草图截面

2. 图素的截面操作

在图素的包围盒状态下,单击包围盒附近的截面切换图标,图标被切换为截面形式,如图 4-28 所示。在截面切换图标状态下,操作柄变为红色的三角形、方形或菱形等形状,具体的操作说明如下。

- 红色三角形为拉伸操作柄,位于拉伸设计的起始截面和结束截面上。
- 红色菱形为截面操作柄,位于图素截面的边上。
- 红色方形为旋转操作柄,位于旋转特征的起始截面上。

（a）　　　　　　　　　（b）

图 4-28　图素的截面操作柄

任务实施

步骤 1:启动 CAXA 实体设计软件,新建设计环境。以"篮球架"为文件名保存到硬盘。

步骤 2:拖入"长方体"图素造底板,调整包围盒至尺寸合适并编辑尺寸为整数。

步骤 3:在"特征生成"工具条上单击"扫描"按钮 ⌀,拾取草图的定位点后,打开扫描特征向导对话框。如图 4-25 所示,第 1 步选择"增料",第 2 步默认为"离开表面,第 3 步选择"Bezier 曲线",第 4 步设置栅格间距,单击"完成"按钮出现编辑轨迹曲线栅格面,此时可激活三维球旋转或移动栅格面。

步骤 4:按样图的结构比例绘制扫描轨迹线(图 4-26),然后单击"完成造型"按钮。

步骤 5:绘制编辑正方的回字形草图截面(图 4-27),单击"完成造型"按钮。

提示:扫描特征造型时,轨迹线过于弯曲、有尖角、截面过大等都容易造成扫描失败。

步骤 6:拖入"长方体"图素到立柱端面中点形成篮板,并调整大小、厚度及位置至合适,如图 4-29 所示。

步骤 7:拖入"长方体"图素到设计环境形成独立实体,进行线框造型,调整长宽、厚度至合适。再拖入"孔类长方体"图素将内部挖空,进行白色渲染,如图 4-30 所示。

步骤 8:激活线框三维球,先将其移到篮板底边中点,如图 4-31 所示,然后将其向上平移到合适位置。

图 4-29　篮球架整体　　　　图 4-30　篮板线框造型　　　　图 4-31　线框与篮板组合

步骤 9:拖入"长方体"图素造篮圈支架,调整包围盒至尺寸合适并编辑尺寸为整数。

步骤 10:拖入"圆环"图素造篮圈,调整包围盒至尺寸合适并编辑尺寸为整数。先通过三维球调整篮圈位置和方向,如图 4-32 所示。单击包围盒图标进入截面调整状态,调整圆环截面尺寸至合适,如图 4-33 所示。

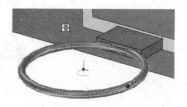

图 4-32　篮圈位置调整　　　　　　　图 4-33　篮圈截面调整

注意：在调整圆环截面时，若鼠标把握不好，容易卡机，建议先保存一次。

步骤 11：拖入"部分圆锥"及"H 部分圆锥"两图素造篮圈球网。直径与篮圈相等，高度按比例调整至合适，以"表面光泽"中的青色玻璃进行渲染，再通过三维球移动篮圈中心，如图 4-34 所示。

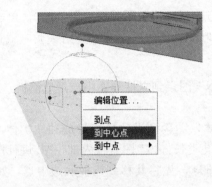

图 4-34　篮网与篮圈组合

步骤 12：检查篮球架造型合理后，对柱座进行圆角处理，然后适当渲染，保存文件，退出软件。

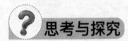 **思考与探究**

1. 扫描特征适合于哪类零件的造型？
2. 如何切换包围盒上的操作手柄？切换后的手柄有哪些功能？

拓展任务：篮球架的造型步骤虽然比较多，但是大家已经掌握了一定的造型基础。图 4-35 所示是现在常见的篮球架，请大家分析一下，需要几次扫描特征造型呢？有兴趣的同学动手试试吧。

图 4-35　常见的篮球架

任务 4　烟灰缸造型

　　前面已经介绍了拉伸、旋转、扫描 3 种生成自定义智能图素的方法，每一种方法都是将一个二维截面（旋转特征允许为一条直线或曲线）拓展成三维造型。下面向大家介绍放样特征造型的基本方法，允许使用不在同一平面内的多个二维截面进行造型。大家来做一个烟灰缸造型，如图 4-36 所示。

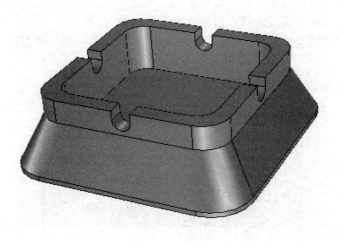

图 4-36　烟灰缸

任务要求

　　1. 熟练运用二维设计环境及二维绘图、编辑、约束、辅助等工具。
　　2. 了解放样特征造型的特点及适用场合。
　　3. 学会分析放样特征造型的轨迹线及各截面图形，并熟练地绘制。
　　4. 初步学会编辑放样特征智能图素。

任务分析

　　本任务要求大家理解放样特征造型的原理，学会分析放样特征造型的轨迹线及截面图形，并能运用二维绘图工具、编辑工具、约束工具和辅助工具熟练地绘制出来，或通过 3D 投影得到截面图形，也要初步学会编辑放样特征智能图素，能在放样体出现扭曲现象时，懂得如何编辑轨迹定位曲线和匹配点。

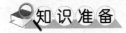

知识准备

1. 放样特征造型

放样特征生成自定义智能图素的方法允许使用多重的截面，即使用不在同一平面内的多个二维截面。实体设计把这些截面沿着操作者定义的二维轮廓定位曲线生成一个三维造型。

在"特征生成"工具条上单击"放样"按钮 🖉，拾取一个 2D 草图定位点，打开放样造型向导对话框，如图 4-37 所示。

第 1 步：设置新图素如何影响已有零件（是独立实体、增料还是除料）。

第 2 步：输入截面数或选择"自动计算"截面数。

第 3 步：设置截面类型（矩形、圆、定制）和轮廓定位线型（直线、圆弧、Bezier 曲线）。

第 4 步：设置是否显示栅格及栅格间距，单击"完成"按钮。

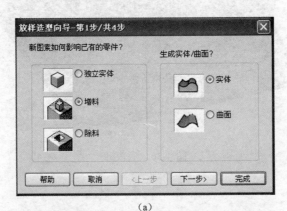

图 4-37　放样造型向导

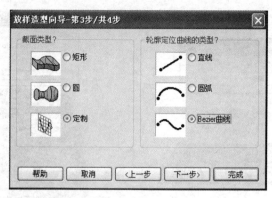

（c）

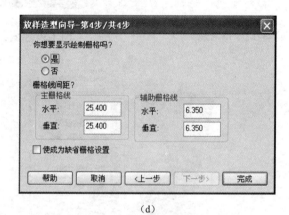

（d）

图 4-37　放样造型向导（续）

　　打开绘图栅格及"编辑轮廓定位曲线"对话框，可以在二维绘图栅格上修改或绘制轮廓定位曲线，如图 4-38 所示，然后单击"完成造型"按钮，打开绘图栅格及"编辑放样截面"对话框，在栅格上绘制草图截面或通过 3D 投影得到草图截面，单击"下一截面"按钮，逐个编辑草图截面。如图 4-39 所示，编辑完所有草图截面后，单击"完成造型"按钮生成三维造型。

　　2．编辑放样特征智能图素

　　在智能图素编辑状态下右击放样图素，在图素上出现截面序号后右击，弹出编辑放样特征快捷菜单，如图 4-40 所示。除了"智能图素属性"选项外，还有下述选项可供选择。

　　1）编辑轮廓定位曲线：选择该选项，可以在二维绘图栅格上显示如何连接放样设计截面的轨迹，拖动轮廓定位曲线手柄可以修改原有的放样轨迹曲线。

　　2）编辑匹配点：该选项用于编辑放样设计截面的连接点。这些匹配点显现在轮廓定位曲线和每个截面交点的最高点，颜色是红色。如果一个截面含有多重封闭轮廓，其匹配点也只有一个，编辑匹配点就是把它放于截面里的线段或曲线的端点上。

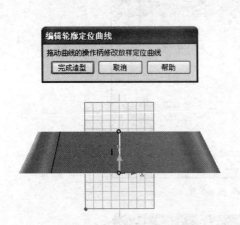

图 4-38　放样轮廓定位曲线

图 4-39　放样截面草图

图 4-40　编辑放样特征快捷菜单

3）编辑相切操作柄：该选项用于在每个放样轮廓上编辑放样导向曲线的切线。右击导向曲线按钮，在弹出的快捷菜单中将出现下述选项。

- 编辑切矢：用于输入精确的参数，定义切线的位置和长度。
- 截面的法矢：用于迅速重新定位关联截面的切线的法线。
- 设置切矢方向：用于规定切线手柄的对齐方式为"到点"对齐、"与圆心"对齐、"点到点"对齐、"平行于边"对齐、"垂直于面"对齐或"平行于轴"对齐。
- 重置切向：用于清除切线的某个被约束值。

任务实施

步骤1：启动 CAXA 实体设计软件，新建设计环境。以"烟灰缸"为文件名保存到硬盘。

步骤 2：拖入"长方体"图素生成底部，拖动包围盒手柄，调整长度与宽度相等，厚度较小，再修改包围盒尺寸为整数，并进行适当大小的圆角过渡操作。

步骤 3：拖入"长方体"图素到底部上表面中心生成上部，拖动包围盒手柄，调整长度与宽度相等（明显小于底部尺寸），厚度较大，再修改包围盒尺寸为整数，也进行适当大小的圆角过渡操作，如图 4-41 所示。然后，通过三维球将其上移合适的距离，编辑距离为整数值，如图 4-42 所示。

图 4-41　上下部造型

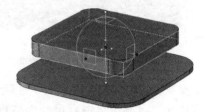

图 4-42　上部上移一定距离

步骤 4：在"特征生成"工具条上单击"放样"按钮 🐍，拾取一个 2D 草图定位点，打开放样造型向导对话框。第 1 步选择独立实体，第 2 步输入截面数为"2"，第 3 步选择截面类型为"定制"和轮廓定位线类型为"直线"，单击"完成"按钮。

步骤 5：打开绘图栅格及"编辑位置"对话框，将上圆角长方体的底边投影得到一条轮廓投影线，再以投影线为边界修剪轮廓定位直线的长度，或直接编辑轮廓定位直线的顶点位置的 Y 值，如图 4-43 所示，单击"确定"按钮。然后单击"完成造型"按钮。

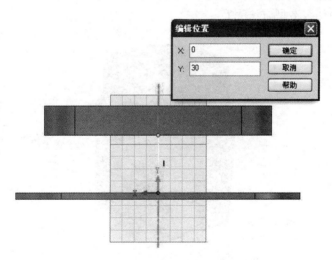

图 4-43　编辑轮廓定位直线

步骤 6：打开绘图栅格及"编辑放样截面"对话框，在绘图栅格中通过 3D 投影上下两部分得到两个圆角正方形，如图 4-44 所示，单击"完成造型"按钮生成中间实体。

步骤7：拖入"孔类长方体"图素到上部方形的上表面中心，调整缸槽的大小及深度至合适，编辑包围盒尺寸为整数，再对缸槽内部四角棱边进行圆角过渡（内圆角半径为外圆角半径减去壁厚），如图4-45所示。

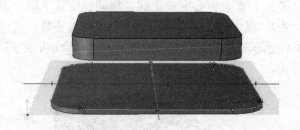

图4-44　投影下部上表面　　　　　　　图4-45　内腔造型

步骤8：拖入"孔类长方体"图素到烟灰缸四边棱线中点，调整凹槽的宽度及深度至合适尺寸，再编辑包围盒尺寸为整数，然后对凹槽底部两棱线按槽宽的一半进行圆角过渡操作（图4-36）。

步骤9：检查烟灰缸造型合格后，保存文件，并关闭软件。

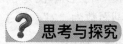 **思考与探究**

1. 放样特征适合于哪类零件的造型？
2. 如何修改放样造型的轮廓定位曲线和截面形状？

拓展任务：大家见过"天圆地方"吗？如图4-46所示，其上部为圆柱形，下部为方形，中间部分则是由方形自然过渡到圆形，应该用什么方法造型呢？中间空腔，处处壁厚相同，又应该用什么造型方法呢？

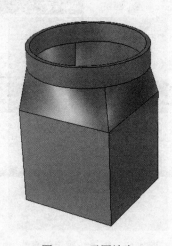

图4-46　天圆地方

项目 5　认识曲线、曲面

事实上，美观、复杂的形体造型离不开曲线、曲面的设计。本项目通过空间弯管、帐篷、鼠标的造型，让大家认识曲线的生成方法和曲面的各种类型及其造型方法。

知识目标

1. 理解生成 3D 曲线的 3 种方法。
2. 了解曲面的类型及其造型方法。
3. 熟悉"3D 曲线"工具条和"曲面"工具条的使用方法。

技能目标

1. 学会分析形体中 3D 曲线的形状，选择简单的生成方法。
2. 学会分析曲面的类型，选择正确的曲面生成方法。
3. 学会实体及曲面的布尔运算。

情感目标

1. 提高理解、分析能力和触类旁通的应用能力。
2. 培养小组交流、互助探究的合作精神。

任务1　空间弯管造型

　　3D 曲线是复杂曲面设计的基础，在实体设计中，3D 曲线有多种不同的生成方法。大家可以在不依靠其他元素的情况下，生成一条空间曲线，也可以通过零件间的各种关系，运用实体设计提供的高级工具生成一条空间曲线，并对其进行编辑和修改。如图 5-1 所示，请大家尝试设计一个空间弯管。

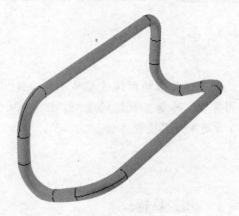

图 5-1　空间弯管

任务要求

　　1．学会生成 3D 曲线的 3 种方法。
　　2．学会 3D 曲线的编辑方法。
　　3．能分析形体中 3D 曲线的形状，选择简单的生成方法。

任务分析

　　本任务要求大家学会分析空间弯管的 3D 曲线形状，熟悉生成 3D 曲线的 3 种常用方法，能将 2D 曲线转化成 3D 曲线，也能使用 3D 曲线的绘制和编辑工具补全曲线（或者想象并造出一定形状的三维立体，从立体的棱边提取该 3D 曲线）。最后通过对 3D 曲线的扫描特征造型，得到空间弯管。3D 曲线的生成与编辑是曲面造型的基础，若能熟练运用多种方法生成 3D 曲线，那在今后的曲面设计过程中定会得心应手。

知识准备

　　1．3D 曲线的生成

　　3D 曲线的生成方法有以下 3 种。

1）由 2D 曲线生成 3D 曲线：在二维草图环境中绘图 2D 曲线，选中曲线后右击，在弹出的快捷菜单中选择"生成 3D 曲线"命令。

注意：将 2D 曲线转换为 3D 曲线时，采用的是复制功能，原来的 2D 曲线仍存在，若不再需要，删除即可。2D 曲线是白色的，选中后呈蓝色；3D 曲线是棕色的，选中后呈蓝色。

2）手工绘制 3D 曲线：单击"3D 曲线"工具条上的"3D 曲线"按钮，会在窗口左侧显示三维曲线工具面板，工具面板上各部分的功能如图 5-2 所示。

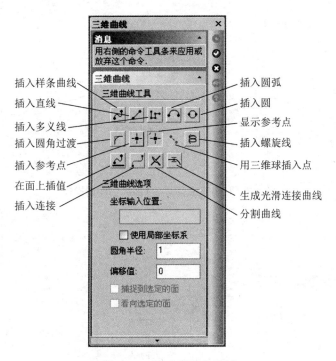

图 5-2　三维曲线工具面板

提示：若没有实体参照，直接在空间绘制 3D 曲线是具有一定难度的。

3）由曲面及实体边界生成 3D 曲线：实际上在提取曲面和实体的边界线时，可以提取一条、多条或整个边界。具体操作方式如下。

- 在曲面或实体上选中一条或多条边界线右击，在弹出的快捷菜单中选择"生成 3D 曲线"命令。
- 当需要提取曲面整个边界时，选中面右击，在弹出的快捷菜单中选择"生成 3D 曲线"命令。

2. 3D 曲线的编辑

- 利用三维球可将已有的 3D 曲线在空间进行移动、拷贝、链接、沿着曲线拷贝、沿着曲线链接、生成线性阵列等操作，如图 5-3 所示。

- 利用三维球定向控制手柄可对 3D 曲线进行准确定向，实现到点、到中心点、点到点、与边平行、与面垂直、与轴平行、反转等操作，如图 5-4 所示。

- 利用三维球定向控制手柄的镜像功能可对 3D 曲线实现镜像移动、拷贝和链接操作，如图 5-4 所示。

说明：三维球对 3D 曲线的具体操作方法与前面介绍过的方法基本相同。

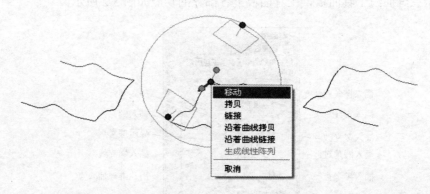

图 5-3　利用三维球对 3D 曲线的编辑操作

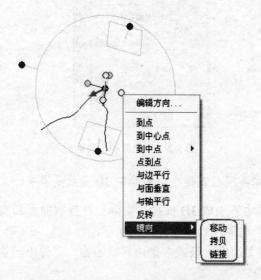

图 5-4　利用三维球对 3D 曲线的镜像操作

3．3D 曲线设计工具

（1）"3D 曲线"工具条

如图 5-5 所示，在"3D 曲线"工具条上有 5 种生成 3D 曲线的方法供选择：三维曲线、等参数线、曲面交线、投影曲线、公式曲线。另外，还提供了两种编辑 3D 曲线工具，分别是拟合曲线和裁剪 / 分割 3D 曲线。

（2）特殊曲线

- 等参数线：在已知曲面上依据曲面的边线按比例生成的曲线。
- 曲面交线：两个不同曲面因相交而形成的交接线。
- 投影线：将 3D 空间中的一条 3D 曲线或直线沿某一直线方向向指定曲面投影，则在该曲面上得到一条曲线，称为投影线。
- 公式曲线：根据操作者确定的一个函数公式生成的一条空间三维曲线。

三维曲线　等参数线　曲面交线　投影曲线　公式曲线　拟合曲线　裁剪/分割3D曲线

图 5-5　"3D 曲线"工具条

任务实施

步骤 1：启动 CAXA 实体设计软件，新建设计环境。以"空间弯管"为文件名保存到硬盘。

步骤 2：按预设的尺寸绘制空间弯管左端圆角 V 字形的二维草图，如图 5-6 所示，单击"完成造型"退出二维草图界面。右击二维曲线，在弹出的快捷菜单中选择"生成"→"3D 曲线"命令，将其转换成 3D 曲线，如图 5-7 所示。

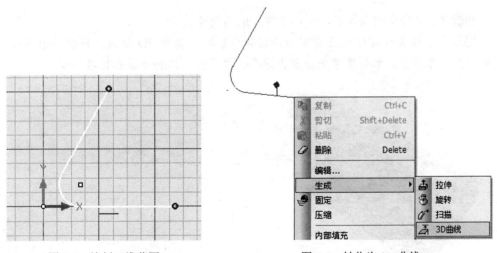

图 5-6　绘制二维草图　　　　　　图 5-7　转化为 3D 曲线

步骤 3：选中 3D 曲线，按 F10 键激活三维球，将 V 形 3D 曲线沿法向拷贝，如

图 5-8 所示。

步骤 4：单击"生成 3D 曲线"工具条上的"插入连接"按钮，捕捉两个 3D 曲线的端点，设置合适的半径，将两个 V 形 3D 曲线连接，单击"√"按钮应用并退出。但有一次插入连接曲线的方向相反，需要激活三维球将连接曲线旋转 180°。

步骤 5：单击"3D 曲线"工具条中的"拟合曲线"按钮，依次拾取所有 3D 线段，再形成一条光滑的 3D 曲线，单击"√"按钮应用并退出。在设计树中按住 Shift 键的同时选中除拟合曲线外的所有 3D 曲线，右击，在弹出的快捷菜单中选择"压缩"命令，全部隐藏。

步骤 6：单击"特征"工具条中的扫描工具按钮 σ，在已有的 3D 曲线上单击拾取点，在绘制截面栅格中画两个大小合适的同心圆，如图 5-9 所示，单击"完成造型"按钮生成空间弯管。

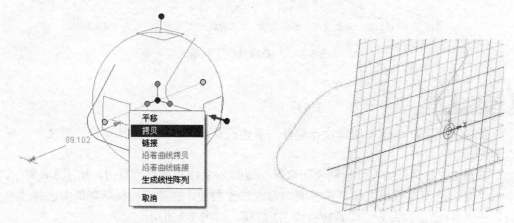

图 5-8 拷贝 3D 曲线　　　　　　　　图 5-9 绘制截面栅格

步骤 7：得到空间弯管后，保存文件，退出软件。

提示：本任务也可以从三维实体的棱边中提取所需的 3D 曲线，可参考图 5-10 所示的三维立体造型。如果能事先想象出这个三维实体，这种方法也比较简单。

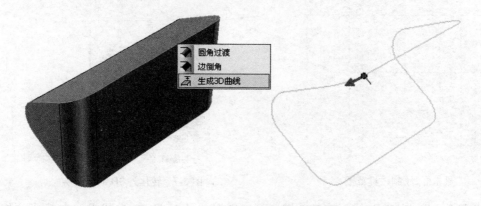

图 5-10　从三维立体棱边中提取 3D 曲线

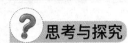思考与探究

1. 生成 3D 曲线有哪 3 种常用的方法？
2. 3D 曲线工具主要有哪两类、哪几种曲线？

拓展任务：请对图 5-11 所示的椅脚弯管进行造型。

图 5-11　椅脚

任务 2　帐篷造型

为了巩固对 3D 曲线的掌握，请根据预想尺寸搭建帐篷，如图 5-12 所示。首先从立体表面提取 3D 曲线，或参照立体表面绘制 3D 曲线，快速搭好帐篷的框架；然后使用"曲面"工具条上的"边界面"或"曲面补洞"按钮生成帐篷的各个面，再进行美化和渲染。

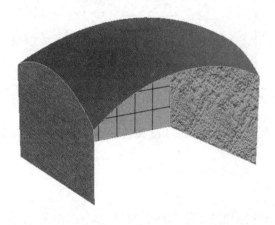

图 5-12　帐篷 1

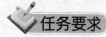 任务要求

1. 巩固生成 3D 曲线的 3 种方法。
2. 巩固"3D 曲线"工具条的使用方法。
3. 了解"曲面"工具条的使用方法。
4. 学会"边界面"及"曲面补洞"的操作。

任务分析

本任务要求大家巩固前面所学的空间曲线知识，快速分析帐篷框架，并选择快捷的方法生成 3D 曲线（建议从长方体的棱边提取 3D 曲线）。参照长方体的 4 个侧面来约束绘制帐篷顶面的 4 条曲线，使其与长方体对应的侧面同面，同时要保证对应的几条空间曲线相交于一点（否则将影响边界面的生成）。学会编辑空间曲线的顶点位置以保证相交，学会"边界面"或"曲面补洞"的操作。

知识准备

1. 空间坐标点

空间坐标点就是对应的三维坐标值约束点的精确位置。

输入坐标值的格式："X 坐标 Y 坐标 Z 坐标"，如 30 40 50 或 30,40,50。坐标值之间用空格或英文状态的逗号隔开，不可加入其他字符，坐标值不可省略。

空间点坐标的编辑方法：双击空间曲线，在空间点上右击，在弹出的快捷菜单中选择"编辑"命令，在打开的"编辑绝对点位置"对话框中修改坐标值，如图 5-13 所示。

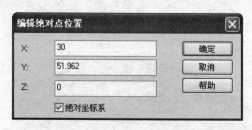

图 5-13 编辑空间点坐标值

如果几条曲线端点不相交，可通过设置各端点为相同的坐标值来保证这些曲线都能相交。

2. "曲面"工具条

"曲面"工具条上各个按钮的名称如图 5-14 所示。在"曲面"工具条上共有 13 个按钮，其中有系统提供的生成曲面的 6 种方式：网格面、放样面、直纹面、旋转面、边界面

和导动面。其他按钮用于对已有的曲面进行编辑操作，可在两个曲面间进行曲面过渡操作，对单张曲面进行延伸曲面、曲面补洞、还原裁剪曲面、偏移曲面、合并曲面、裁剪曲面等操作。

曲面的类型将在下一学时展开介绍，大家先来简单地了解"边界面"和"曲面补洞"的使用。

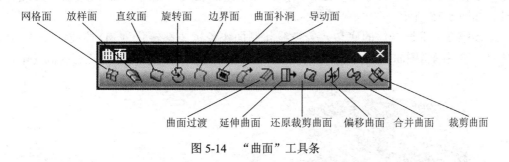

图 5-14　"曲面"工具条

3．边界面的生成

边界面是在 3 条或 4 条已知曲线的边界区域上生成的曲面，或直接利用零件边界线生成边界面。

生成边界面的方法较为简单，按如下操作即可完成。

1）在工作区中绘制 3 条或 4 条曲线，也可以用零件的边界曲线作为生成边界面的边界。曲线首尾的连接点应重合。

2）单击"曲面"工具条中的"边界面"按钮。

3）依次拾取生成边界面的空间曲线（要求首尾相接，且必须封闭）。

4）拾取完毕单击"√"按钮应用或按 Enter 键确认。

4．曲面补洞

利用任意数量的边定义的封闭区域生成一个曲面补洞。曲面补洞生成方法类似于边界面，但是它能由任意数目的边界线生成（最少为一条曲线，最多无限条）。另外，曲面补洞作为曲面智能图素，当选择一个现有曲面的边缘作为它的边界时，可以设置曲面补洞与已有曲面相接或接触。

操作方法如下。

1）单击"曲面"工具条上的"曲面补洞"按钮。

2）选择边界线（边界线必须是封闭连接的曲线，本版本中不支持曲面补洞的控制曲线）。在命令管理栏上，通过选项确定边缘是否与现有的曲面相接或接触（如果是，增加智能图素）。

3）拾取完毕单击"√"按钮应用或按 Enter 键确认。

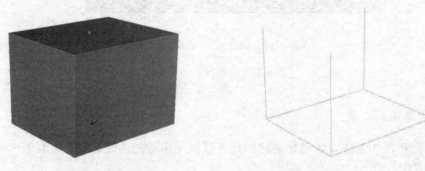

任务实施

步骤1：启动 CAXA 实体设计软件，新建设计环境。以"帐篷"为文件名保存到硬盘。

步骤2：拖入"长方体"图素，按预想帐篷的长度、宽度和高度设置长方体的尺寸，如图 5-15 所示。

步骤3：将长方体的底边 4 条棱线和侧面 4 条棱线都转化为 3D 曲线，如图 5-16 所示。然后编辑侧面 4 条 3D 曲线的顶点坐标，如图 5-17 所示（要求各点有高低变化）。

图 5-15 设置长方体的尺寸   图 5-16 帐篷的 3D 棱边

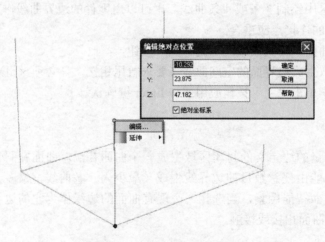

图 5-17 编辑竖棱顶点坐标

步骤4：在每个侧面分别绘制顶面曲线，要求曲线与长方体侧面上的棱线首尾相接，并且保证与原侧面同面，如图 5-18 所示。然后压缩隐藏长方体图素，便于看到帐篷框架。

步骤5：将顶面的 4 条空间曲线生成边界面（若有交点没相连现象，则要编辑曲线顶点三维坐标，使坐标值相同），如图 5-19 所示。

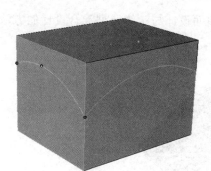

图 5-18 在侧面上绘制空间弧线

图 5-19 帐篷的顶面边界面

步骤 6：用同样的办法将各侧面及底面的空间曲线分别生成边界面，然后对各边界面渲染上不同的效果。

步骤 7：检查帐篷造型满意后，保存文件，退出软件。

? 思考与探究

1. 空间点坐标是如何表示的？

2. "曲面"工具条上有哪几个曲面生成工具和哪几个曲面编辑工具？

拓展任务：请应用所学知识搭建图 5-20 所示的帐篷。

图 5-20 帐篷 2

任务 3 鼠标设计 1

在具有较复杂表面形状的设计中，用前面所介绍的实体设计方法有时会有一定的困难，此时曲面设计功能可以发挥很好的作用。鼠标是一个大家非常熟悉又带有曲面的复杂零件，如图 5-21 所示，大家可以利用曲面设计与实体造型混合设计的方法来完成鼠标造型。

图 5-21　鼠标

任务要求

1. 学会实体及曲面的布尔运算。
2. 了解曲面的类型及其造型方法。
3. 学会简单的导动面的设计。
4. 能够设计不同形状的曲线，生成不同风格的导动面。

任务分析

本任务要求大家先了解曲面的类型及其造型方法，能使用"曲面"工具条进行简单的曲面设计；理解导动面的类型及造型方法，能通过简单的导动面造出鼠标的上曲面，再通过实体造型的布尔运算，从半圆头长方体中切出鼠标毛坯体；培养设计理念，学会通过改变造型曲线设计出不同风格的鼠标。

知识准备

1．布尔运算

在某些情况下，将独立的零件组合成一个零件或从其他零件中减掉一个零件可能是一种很好的选择，这种操作称为"布尔运算"。在 CAXA 实体设计中，提供了简单的逻辑运算，如布尔合、布尔叉、布尔减运算等，如图 5-22 所示。

布尔运算设置：布尔运算分为"增料"和"减料"两种方式，选择此选项后打开"集合操作"对话框，如图 5-23 所示。

提示：布尔运算操作对象是多个零件；设置布尔运算前，要先选中零件，否则命令呈灰色不可用状态。

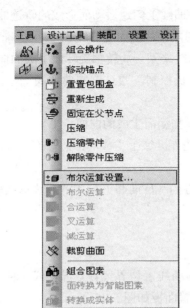

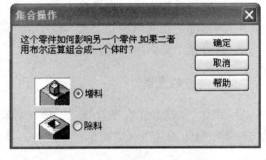

图 5-22 布尔运算设置 图 5-23 "集合操作"对话框

- 合运算：选择需要合并的零件，再选择"合运算"命令即可将几个零件合成一个零件。
- 叉运算：选择需要求交运算的零件，选择"叉运算"命令即可提取几个零件的相交部分。
- 减运算：先选择被减的零件，再选择要减去的零件，最后选择"减运算"命令即可进行求差挖切操作。

2．曲面的类型

如图 5-24 所示，常见的曲面有以下几种。

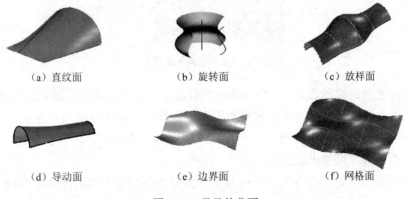

（a）直纹面 （b）旋转面 （c）放样面

（d）导动面 （e）边界面 （f）网格面

图 5-24 常见的曲面

- 直纹面：由一根直线的两个端点分别在两条曲线上匀速运动而形成的轨迹曲面。两条曲线可以是三维曲线，也可以是已知的零件或曲面边界线。
- 旋转面：按给定的起始角度、终止角度将曲线绕某一旋转轴旋转而生成的曲面。
- 放样面：以一系列截面曲线为骨架进行形状控制，通过这些曲线蒙面生成的曲面。
- 导动面：由截面或轮廓曲线沿着一条轨迹线扫动而生成的曲面。
- 边界面：在由 3 条或 4 条已知曲线围成的边界区域上生成的曲面，或直接利用零件边界线生成的边界面。
- 网格面：在两组相互交叉、位于两个不同方向（U 向和 V 向）的曲线形成的网格骨架上蒙面生成的曲面。

3. 导动面的生成

导动面的生成方式有平行导动、固接导动、导动线 + 边界线、双导动线 4 种。导动方向类型分"固接"和"变半径"两种，具体设置面板如图 5-25 所示。

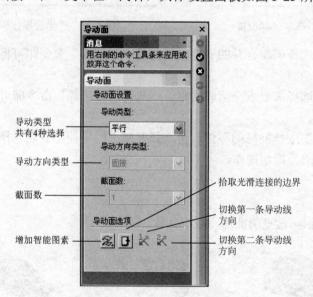

图 5-25　导动面命令设置面板

- 拾取光滑连接的边界：如果导动面的截面是由两条以上光滑连接的曲线组成的，单击此按钮，将成为链拾取状态，多个光滑连接曲线将被同时拾取。
- 切换第一条导动线方向：当拾取第一条导动线时会自动有一个方向指示，当方向不正确时可单击此按钮。
- 切换第二条导动线方向：当拾取第二条导动线时会自动有一个方向指示，当方向不正确时可单击此按钮。

● 增加智能图素：当把两个曲面合为一个零件时可单击此按钮。

1）平行导动的导动线与截面线如图 5-26 所示。

图 5-26　平行导动的导动线与截面线

2）固接导动的导动线与截面线如图 5-27 所示。

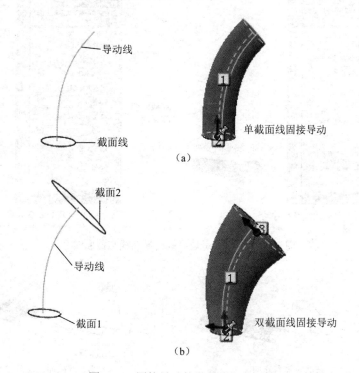

图 5-27　固接导动的导动线与截面线

3）导动线 + 边界线的导动线与截面线如图 5-28 所示。

4）双导动线的导动线与截面线如图 5-29 所示。

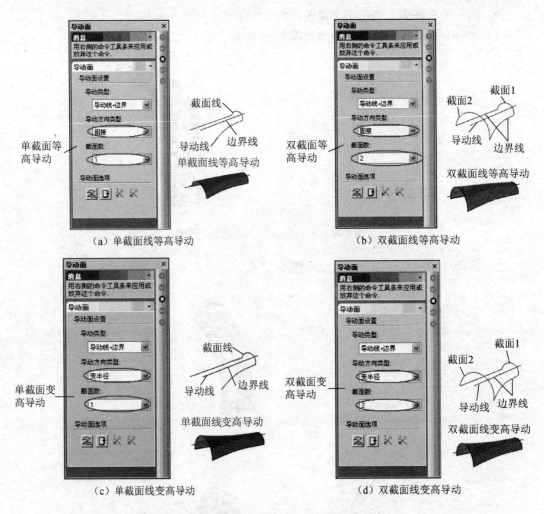

（a）单截面线等高导动

（b）双截面线等高导动

（c）单截面线变高导动

（d）双截面线变高导动

图 5-28　导动线＋边界线的导动线与截面线

（a）单截面线等高导动

（b）双截面线变高导动

图 5-29　双导动线的导动线与截面线

任务实施

　　步骤 1：启动 CAXA 实体设计软件，新建设计环境。以"**鼠标**"为文件名保存到硬盘。

步骤 2：拖入"长方体"图素造坯体，编辑包围盒长、宽、高的比例协调，尺寸编辑成整数并记住。右击三维球中心控制手柄，编辑位置为（0,0,0），如图 5-30 所示，将长方体两角竖棱边以宽度值的一半圆角过渡形成半圆头。

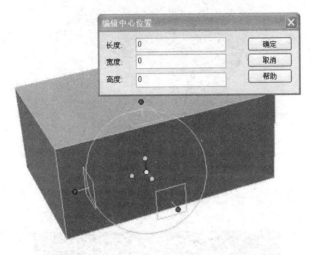

图 5-30　编辑长方体中心位置

步骤 3：单击"3D 曲线"工具条上的"三维曲线"按钮，在左侧三维曲线面板上单击"插入样条曲线"按钮，从长方体前表面最右边中点到最左边中点依次拾取 A、B、C、D、E 这 5 个点，如图 5-31 所示。分别右击样条曲线上的 5 个点，依次编辑各点三维坐标值（Y 值全为 0，以保证在前后对称面上；两端点保证在长方体 X 方向的最左、最右端面上，并将最左端稍微露出；Z 值的大小根据曲线的高低设计），如图 5-32 所示。

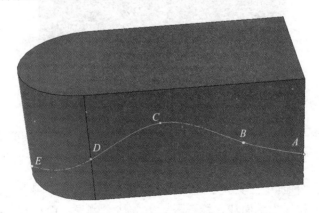

图 5-31　鼠标的顶面边界面

步骤 4：在三维曲线面板上单击"三维圆弧线"按钮，在右端平面拾取 3 个点画一条圆弧曲线，要求中间点在端面上与样条线相交，两端点超出前后侧面，如图 5-33 所示。

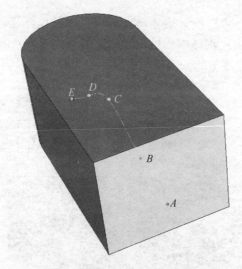

图 5-32　样条曲线绘制导动线

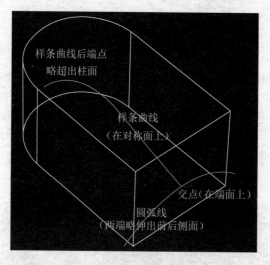

图 5-33　圆弧线绘制截面线

说明：为了便于观察，在空白设计环境中右击，在弹出的快捷菜单中选择"渲染"命令，设置线框并显示隐藏的边等，单击"确认"按钮，显示出所有的三维曲线。

步骤 5：单击"曲面"工具条上的"导动面"按钮，根据屏幕提示，依次拾取样条曲线为导动线，圆弧线为截面线，检查导动方向（左侧导动面板有切换导动线方向的按钮），最后单击"√"按钮应用并退出，即生成所需的导动面，如图 5-34 所示。

提示：若导动面形状不符合设计要求，先撤销，再重新编辑样条曲线或圆弧线进行修改。

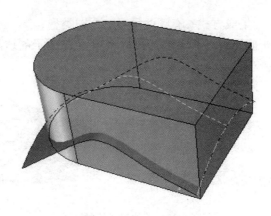

图 5-34 生成导动面

步骤 6：选中零件，在"设计工具"下拉菜单中选择"布尔运算设置"命令，在打开的"集合操作"对话框中选中"除料"单选按钮后，单击"确定"按钮。

步骤 7：按住 Shift 键依次选中圆头长方体和曲面，在"设计工具"下拉菜单中选择"减运算"命令，则生成鼠标上曲面，如图 5-35 所示。

提示：若除料方向相反了，如图 5-36 所示，生成上部形体，则先撤销，选中曲面后，右击，在弹出的快捷菜单中选择"反向"命令后再进行布尔减运算。被减体与减体先后选择顺序不能交换。

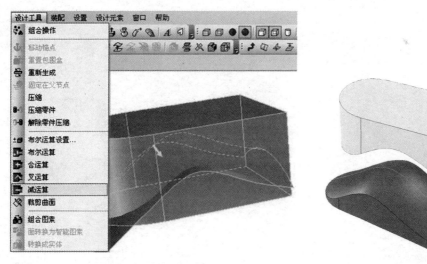

图 5-35 布尔减运算   图 5-36 除料相反的效果

步骤 8：鼠标坯体造型结束，保存文件，以备下学时进行细节造型。

❓ 思考与探究

1. 常见的布尔运算有哪几种类型？

2. 导动面有哪 4 种生成方式？有哪两种导动方向类型？

拓展任务：大家平时见过各种各样的鼠标，图 5-37 所示的这两个鼠标在哪些造型步骤上有所不同呢？请对如下两个鼠标进行造型。

图 5-37　其他形状的鼠标

项目6 创新设计理念

产品的创新设计是一个知识积累并重用的循环上升过程，创新需要"发散性"的思维，根据灵感与经验，以简易、有效的方法进行编辑、修改、细化和组装设计。本项目将在鼠标的细节造型和部件的组装中培养创新意识、拓展设计理念。

知识目标

1. 学会分析造型体结构，并选择合理的造型方法。
2. 学会一些形体渲染、美化的设计常识。
3. 理解三维球装配、无约束装配和约束装配及其应用场合。

技能目标

1. 提高创新设计能力，制作个性化作品。
2. 学会分析不同的产品设计，选择不同的装配约束方式。
3. 学会装配干涉的检查。

情感目标

1. 培养知识技能的综合应用能力。
2. 培养创新意识和设计理念。

任务1 鼠标设计 2

前面大家已经设计了一个鼠标的坯体，仔细观察鼠标实际形体，为达到仿真的效果，还需要进行哪些结构的造型？请综合运用以前所学的造型技能，充分发挥创造才智，进行鼠标设计，也可以参照如图 6-1 所示的鼠标进行造型。

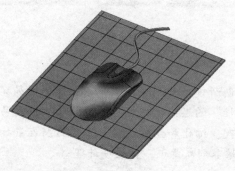

图 6-1　鼠标

任务要求

1. 善于分析造型体的结构，并选择合理的造型方法。
2. 培养知识技能的综合应用能力。
3. 学会一些形体渲染、美化的设计常识。
4. 培养创新设计能力，制作个性化作品。

任务分析

本任务要求大家参照鼠标实际形体，选择孔类圆柱体、孔类长方体、倾斜的孔类椭圆柱、扫描除料等方法，对鼠标坯体各处进行切割、挖槽；应用各种造型技巧，减少重复造型，提高造型速度。先添加圆环制作滚轮、添加扫描鼠标线、添加厚板制作鼠标垫等，再进行圆角处理及智能向导渲染，设计出独特又逼真的鼠标。

知识准备

1．创新造型方法

1）对于滚轮处的凹弧面，自外向里越挖越浅，可以考虑拖入"孔类椭圆柱"图素，然后通过三维球进行移动及旋转操作，并调整其包围盒尺寸至合适，如图 6-2 所示。

2）对于鼠标的左、右两键，无论是从侧面方向还是上下方向，都需要通过一条细缝，切割成薄薄的一层。上下方向可以直接用孔类长方体组合，或拉伸除料实现切割，比较容易做到。侧面要用到扫描除料造型，将鼠标侧面上边缘棱线投影作扫描线，将鼠标端面上边缘棱线投影作一条截面线，再等距并封闭成一个区域，如图 6-3 所示。

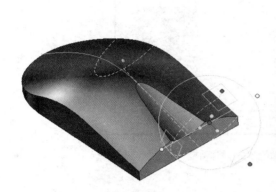

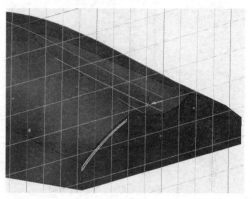

图 6-2　鼠标滚轮处凹弧面造型　　　　图 6-3　鼠标键扫描切割造型

3）为达到逼真的棱边圆角效果，请大家探究变半径圆角的具体操作。具体变半径圆角的设置如图 6-4 所示。

先选择圆角命令中的变半径圆角，拾取对应的棱边，再根据需要在棱边上单击增加几个控制点。然后，选中每个点，在过渡圆角半径文本框中设置不同的圆角半径，如果要精确定位点所在的位置，在边上的百分比文本框中修改或输入变半径点和起始点的距离与长度的比例。全部设置完毕，单击"√"按钮应用并退出。

2．智能渲染美化

当渲染对象处于编辑状态时，右击渲染对象，在弹出的快捷菜单中选择"智能渲染"命令；或在"设置"下拉菜单中选择"智能渲染"命令，打开"智能渲染属性"对话框，如图 6-5 所示，可设置或更改零件的渲染元素及其属性，可优化外观设计、增强渲染效果。对话框中共有 7 个属性选项卡，它们分别是颜色、光亮度、透明度、凸痕、反射、贴图和散射。

图 6-4　变半径圆角的设置

1）对于鼠标主体，可设置成当前主流的"炫黑"，滚轮可渲染成"红色"，并通过智能渲染向导尽量设计一些光泽、凸痕、反射、投影等效果。

2）对于鼠标垫，最好选择个性化的贴图进行渲染；最后考虑背景、场景的色彩效果及鼠标摆放角度等，设计出鼠标的创意广告图。

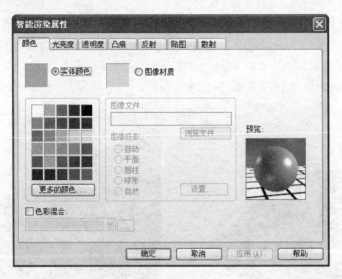

图 6-5 "智能渲染属性"对话框

任务实施

步骤 1：启动 CAXA 实体设计软件，打开已有的"鼠标"设计文件，调出鼠标坯体。

步骤 2：拖入"孔类椭圆柱"图素到鼠标线端面的上弧线中点，然后调出三维球进行移动及旋转操作，并调整其包围盒至尺寸合适，挖出滚轮处凹弧面，如图 6-6 所示。

步骤 3：采用扫描造型造鼠标线，如图 6-7 所示，注意扫描引导线的曲线要美观，截图圆形大小要合适。扫描时的定位点可捕捉端面底边棱线中点，造型后再用三维球上移。

图 6-6 滚轮造型

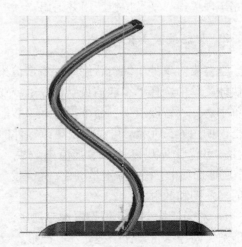

图 6-7 扫描生成鼠标线

　　步骤 4：拖入"圆环"图素造滚轮，先调整包围盒至尺寸合适；然后切换到截面调整状态，调整圆环的截面粗细至适中；最后用三维球将滚轮移到合适的位置。

　　步骤 5：鼠标按键是对上曲面切割出薄薄的一层，需要用扫描来获得切割缝隙，通过对侧面棱线投影获得轨迹线，如图 6-8 所示。通过端面棱线的投影、等距、修剪等操作获得截面线。扫描成功后，可通过三维球上下移动切割缝隙到合适的位置。

　　步骤 6：按键的上下缝隙可用孔类长方体切割，对于以上结构，尽量使用三维球的旋转拷贝完成各处类似造型，使用镜像、链接等操作完成各处对称的造型，如图 6-9 所示。对于底部的光电孔等，可用孔类圆柱体或拉伸除料等方法进行挖切、分割，然后通过三维球调整位置。

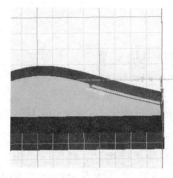

图 6-8　侧面棱线投影

图 6-9　左右按键分割

　　步骤 7：对鼠标按键及滚轮附近进行合适的圆角过渡操作，如图 6-10 所示。对鼠标尾部，可用变半径进行圆角过渡操作，如图 6-11 所示。

图 6-10　各处合适的圆角

图 6-11　鼠标尾部圆角

　　步骤 8：拖入"厚板"图素生成鼠标垫，并调整尺寸、位置至合适，再进行智能渲染向导贴图设计。同时也应对鼠标其他结构进行渲染、美化。

　　步骤 9：有创意地设计出背景图及整体的广告效果图，保存文件，退出软件。

？　思考与探究

1. 简述如何设置变半径圆角过渡。

2. "智能渲染属性"对话框有哪些属性选项卡？

拓展任务：建议找一个其他形状的鼠标来仿造，例如图 6-12 所示鼠标。

图 6-12　鼠标

任务 2　部件组装

　　一个完整的工业产品一般是由许多零件和部件组装而成的。CAXA 实体设计具有强大的装配功能，将装配设计与零件造型设计集成在一起，不仅提供了一般三维实体建模所具有的刚性约束能力，同时还提供了三维球装配的柔性方法，并保证快捷、迅速、精确地利用零件上的特征点、线和面进行装配定位。其中，三维球装配、无约束装配和约束装配是实体设计系统提供的零件定位有效装配方法，在产品设计中可以根据不同的情况选择不同的装配约束。本任务的装配实例如图 6-13 所示。

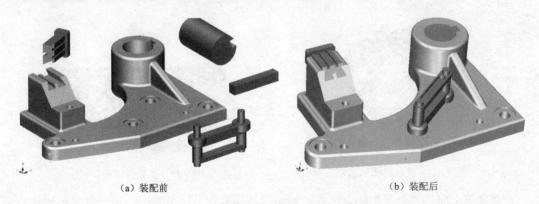

（a）装配前　　　　　　　　　　　　　　　　　　（b）装配后

图 6-13　装配件

任务要求

1．熟悉装配设计界面及装配体零部件的插入。

2．学会三维球装配、无约束装配和约束装配。

3．学会分析不同的产品设计，选择不同的装配约束方式。

4. 学会装配干涉的检查。

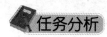任务分析

本任务要求大家先熟悉装配设计界面，分别使用三维球装配、无约束装配、约束装配3种方式对同一部件进行反复组装，并能比较总结出3种装配方式的特点及适用场合，同时，也要学会对装配体进行干涉检查，学会干涉的查找及改进，确保装配成功。

知识准备

1. 零部件的插入和连接

在由零件装配成产品的过程中，需要将所需零件从设计文件中调入当前设计环境才能进行装配。将零部件调入设计环境中的操作过程称为零件或部件的插入。

零部件的插入方法有以下两种。

- 选择"装配"下拉菜单中的"插入零件/装配"命令。
- 单击"装配"工具条中的 按钮。

打开"插入零件"对话框后，操作方法与一般打开文件的方法相同。插入零件后，在设计树里可以看到具体的零件情况，如图6-14所示。

2. 常用的装配方法

常用的3种装配方法是三维球装配、无约束装配和约束装配。

图6-14 装配体设计树

（1）三维球装配

三维球的构成及功能前面已学习，在此不再赘述。一般将一个零件的装配过程分两步：

1）利用三维球定向控制柄定向；

2）利用三维球的中心控制柄定位。

三维球工具位于中心附近的一些定向控制手柄上，能方便地将操作对象相对于其他对象上选定的点、边或面进行快速定向，也提供了操作对象的反向或镜像功能。

三维球装配是一种零件间没有约束的装配，任一零件的移动都会引起装配体的错位。

（2）无约束装配

采用"无约束装配"工具可参照目标零件快速定位源零件，在指定源零件重定位或重定向操作方面，提供了极大的灵活性，装配后零件间没有约束关系。

激活"无约束装配"工具并在源零件上移动鼠标指针，以显示出可通过触发空格键予以改变的黄色对齐符号。此时，源零件可以相对于目标零件做点到点移动，方位

根据需要选择是否改变。无约束装配的符号及结果见表 6-1。

表 6-1　无约束装配的符号及结果

源零件定位 / 移动选项	目标零件定位 / 移动选项	可能的结果
	●→	相对于一个指定点和各零件的定位方向，将源零件重定位到目标零件上
●→	○	相对于源零件上的指定点及其定位方向，把源零件重定位到目标零件的指定平面上
	↗	相对于源零件上的指定点及其定位方向及目标零件的指定定位方向，重定位源零件
↗	↗	相对于源零件的定位方向和目标零件的定位方向，重定位源零件
	✕↗	
	·	相对于目标零件但不考虑定位方向，把源零件重定位到目标零件上
·	○	相对于源零件的指定点，把源零件重定位到目标零件的指定平面上
	↗	相对于源零件的指定点和目标零件的指定定位方向，重定位源零件

（3）约束装配

CAXA 实体设计的"定位约束工具"采用约束条件的方法对零件和装配件进行定位和装配。"定位约束工具"类似于"无约束装配"工具，但是，利用"定位约束工具"可保留零件或装配件之间的空间关系，形成一种"永恒的"约束。

单击标准工具条中的"定位约束工具"按钮，在窗口左侧显示约束工具面板，选择约束类型并选定一个源零件后，即可显示出可用定向 / 移动选项的符号，该选项可通过空格键切换。在选定需要的目标零件单元后，执行面板上的"生成约束"命令，用同样的方法继续进行定位约束，最后单击"√"按钮应用并退出。约束装配的类型及应用结果见表 6-2。

表 6-2　约束装配的类型及应用结果

约束装配的类型	应用结果
‖	平行。重定位源零件，使其平直面或直线边与目标零件的平直面或直线边平行
⊥	垂直。重定位源零件，使其平直面或直线边与目标零件的平直面或直线边垂直
▙	贴合。重定位源零件，使其平直面既与目标零件的平直面贴合（采用反方向）又与其共面
▊	对齐。重定位源零件，使其平直面既与目标零件的平直面对齐（采用相同方向）又与其共面

续表

约束装配的类型	应用结果
✛	重合。重定位源零件，使其平直面既与目标零件的平直面重合（采用相同方向）又与其共面
◈	同心。重定位源零件，使其直线边或轴在其中一个零件有旋转轴时与目标零件的直线边或轴对齐
◤	相切。重定位源零件，使其平直面或旋转面与目标零件的旋转面相切
◱	距离。重定位源零件，使其与目标零件相距一定的距离
◹	角度。重定位源零件，使其与目标零件成一定的角度
◷	随动。定位源零件，使其随目标零件运动。常用于凸轮机构运动

3．干涉检查

装配件中的两个独立零件的组件可能会在同一位置时发生相互干涉。所以在装配件中经常要检查零件之间的相互干涉。

（1）干涉检查的选择

在设计环境中或在设计树中选择组件后进行干涉检查，可以有以下几种选择。

- 装配件中的部分或全部零件。
- 单个装配件。
- 装配件和零件的任意组合。

（2）进行干涉检查的步骤

1）选择需要进行干涉检查的项。

- 在设计环境中按住 Shift 键的同时单击零件可选择多项。
- 在设计树中按住 Shift 键的同时单击首、尾零件可选择连续的多项，按住 Ctrl 键的同时单击可选择不连续的多项。
- 若要选择全部设计环境组件，可在"编辑"下拉菜单中选择"全选"命令。

2）在"工具"下拉菜单选择"干涉检查"命令。

如果所做的选择对干涉检查无效，或者在零件编辑状态未做任何选择，此选项将呈不可用状态。

（3）干涉检查报告信息

在允许进行干涉检查时，会出现下述的信息之一。

- 一个信息窗口通知，其中报告未检测到任何干涉。
- "干涉报告"对话框，其中成对显示选定项中存在的干涉。若选择干涉显示选项为"干涉部分加亮"（也可设置为"隐藏其他零件"），在设计环境中，被选定的项会变成透明，而所有干涉将以红色高亮显示，如图 6-15 所示。

图 6-15 "干涉报告"对话框

任务实施

步骤 1：启动 CAXA 实体设计软件，打开 \Program Files\CAXA\Tutorials 路径下的 triball1.ics 文件，以"部件装配"为文件名另存到硬盘。

步骤 2：选择装配方式（以下以约束装配为例）。

步骤 3：将带键槽的轴装入带键槽的孔中，先添加圆柱体与圆柱孔的同心约束，如图 6-16 所示；再添加键槽侧面的对齐约束，如图 6-17 所示；最后添加轴端面与孔端面的对齐约束，如图 6-18 所示。

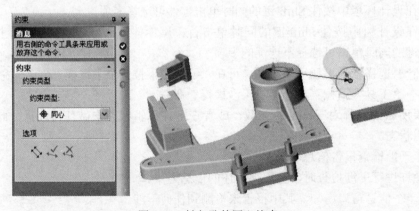

图 6-16 轴与孔的同心约束

图 6-17 键槽侧面的对齐约束

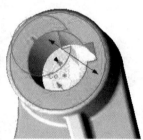

图 6-18 轴端面与孔端面的对齐约束

步骤 4：将键装入键槽中，保证相对位置正确，具体添加的约束可以是侧面的贴合、贴合约束，再加上端面的对齐约束，如图 6-19 所示。

步骤 5：将销子架与孔对齐，并装入孔中，保证相对位置正确，具体添加的约束可以是销与孔的同心、同心约束，再加上面的贴合约束，如图 6-20 所示。

图 6-19 键装配的约束　　　　　图 6-20 销子架与孔的约束

步骤 6：将燕尾块装入燕尾槽中，保证相对位置正确，具体添加的约束可以是几个对应装配面的贴合或对齐约束，如图 6-21 所示。

步骤 7：全选装配对象，在"工具"下拉菜单中选择"干涉检查"命令。若存在干涉项，根据干涉报告及显示方式进行装配改进。

步骤 8：检查装配体无干涉，装配完全合格后保存文件，退出软件。

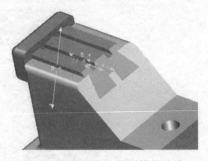

图 6-21　燕尾块与燕尾槽的约束

 思考与探究

1．常用的装配方法有哪 3 种？有何主要特点？

2．如何对装配的零件进行干涉检查？

拓展任务：为了巩固大家对装配方法的掌握，请打开 \Program Files\CAXA\Tutorials 路径下的 triball2.ics 文件。同样尝试多种装配方法，装配结果如图 6-22 所示。

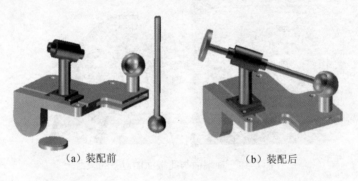

（a）装配前　　　　　　　　（b）装配后

图 6-22　装配体

附录一 课程要点整理

任务1　凉亭造型：CAXA 软件的安装和用户界面，设计元素及其拖入操作，智能图素及包围盒、定位锚操作，造型时鼠标、键盘的基本操作。

任务2　多孔板造型：设计元素库的分类及设置，"视向"工具条及操作，智能图素属性设置，边圆角与边倒角。

任务3　脸谱造型：三维球的构成及其功能，三维球的光标信息及选项设置，三维球的中心控制手柄移动和一维移动、简单渲染。

任务4　盒子造型：工作区的坐标，对象的选择，三维球的二维移动，线性阵列和矩形阵列，综合造型。

任务5　桌子造型：三维球与图素的结合与脱离，旋转操作、定向操作；拷贝与阵列的数量区别；智能渲染向导的设置。

任务6　楼梯造型：三维球定向操作，线性阵列；编辑草图截面，设计树及操作，三维球的带步长环形拷贝（螺旋拷贝）。

任务7　椅子造型：培养造型的设计意识和效率意识，综合造型。

任务8　灯泡造型：高级图素属性表参数设置，工具图素类型选择或参数设置，综合造型。

任务9　手电筒造型：抽壳造型，弹簧图素的综合设置，光源的添加与设置，综合造型。

任务10　酒杯造型：旋转特征造型，旋转特征向导，二维绘图环境、"二维绘图"工具条及二维截面修复。

任务11　手机造型：拉伸特征造型，二维绘图环境投影 3D 边，三维文字。

任务12　篮球架造型：扫描特征造型，图素的截面操作。

任务13　烟灰缸造型：放样特征造型，编辑放样特征智能图素。

任务14　空间弯管造型：3D 曲线的 3 种生成方法，3D 曲线的编辑，3D 曲线设计工具。

任务15　帐篷造型：三维空间坐标点，"曲面"工具条，边界面的生成，曲面补洞。

任务16　鼠标设计1：布尔运算，曲面的 6 种类型，导动面的生成。

任务17　鼠标设计2：知识技能的灵活运用，创意造型，智能渲染美化。

任务18　部件组装：零部件的插入和连接，常用的 3 种装配方法，干涉检查的步骤与方法。

课程综合考核

请根据生活中的所见所闻，设计一个包含众多日常用品的场景，进行创意造型和合理摆放。希望大家在造型中用到工具图素、高级图素，以及拉伸、旋转、扫描、放样等特征造型，最好能出现 3D 曲线及曲面的有关造型。用所学的多种技能造出的型体越多，则课程综合考核分值越高，好好发挥你的创造才智吧！

附录二 思考与探究参考答案

项目 1

任务 1

1. 设计元素是系统为设计人员进行设计所提供的各种元素的统称。大家可以使用设计元素生成所需的设计产品。将不同类型的设计元素集中并按顺序排放在一起，然后加上便于操作的打开按钮、设计元素选项卡、滚动条和一些默认的图素就构成了设计元素库。

2. 设计对象有零件编辑、智能图素编辑、表面编辑 3 种编辑状态。第一次单击图素进入"零件编辑状态"，零件轮廓呈蓝色高亮显示，并显示定位锚。再次单击图素进入"智能图素编辑状态"，在图素上显示出黄色的矩形包围盒、红色的操作手柄和绿色的定位锚。第三次单击图素进入"表面编辑状态"，可使图素上的点、线或面呈绿色高亮显示。

任务 2

1. 在包围盒编辑状态，按住 Ctrl 键，可同时选中相反方向的两个包围盒手柄，再拖动手柄或修改包围盒尺寸可保证尺寸对称。按住 Shift 键拖动某操作手柄，捕捉到另一图素上的点、线或面高亮显示，释放鼠标也可使手柄与其对齐。

2. 视向工具中平移、缩放、旋转等按钮图标及功能键经常用到。例如，平移工具的快捷键是 F2，旋转工具的快捷键是 F3，窗口缩放工具的快捷键是 Ctrl+F5，全屏工具的快捷键是 F8 等。

项目 2

任务 1

1. 三维球由 1 个圆周、3 个定位控制手柄、3 个定向控制手柄、3 个二维平面和 1 个中心控制手柄构成。

三维球各个组成部分的功能如下。

1）圆周：拖动圆周可以围绕从视点延伸到三维球球心的一条虚拟轴线旋转。

2）定位控制手柄：沿轴线做线性平移；选中可将其指定为旋转轴；使用其他功能之前，选中轴线进行约束。

3）定位控制手柄：将三维球的中心作为对象的定位支点。在手柄上右击，在弹出的快捷菜单中可选择相关的定向操作选项。

4）中心控制手柄：进行"点"的平移。将其直接拖动到另一设计对象的位置上；按鼠标右键拖动后释放，在弹出的快捷菜单中可选择"平移""拷贝"等操作。

5）二维平面：拖动二维平面的边框可以在该虚拟平面内实现自由移动。

2. 三维球激活或关闭的快捷键是 F10，三维球与图素结合或脱离的快捷键是空格键。

任务 2

1. 三维坐标系中 X 轴的方向是包围盒的长度方向，Y 轴的方向是包围盒的宽度方向，Z 轴的方向是包围盒的高度方向。初始情况下，长度方向对应左右方位，宽度方向对应前后方位，高度方向对应上下方位，但随着造型时空间翻转，这种对应关系就会发生变化，因此造型编辑包围盒时，主要参照左下角对应的坐标轴。

2. 三维球的长轴用于空间点定位、空间角度定位，短轴用于确定元素、零件、装配体之间的相互关系及定向，中心点用于解决重合问题。

任务 3

1. 三维球的定向控制手柄常用的定向方式有到点、到中心点、到边或两点间或两面间的中点、点到点、与边平行、与面垂直、与轴平行、反转、镜像等。

2. 对零件或设计环境，常用的渲染方法有拖放渲染图素进行简单渲染、设置渲染向导进行渲染两种方法。在零件或智能图素状态下选择了某个零件，渲染属性将影响整个零件；如果在表面状态下选择了某个表面，只渲染选中表面。

任务 4

1. 设计树又称设计环境状态树，按照从上到下排列的顺序表示出产品的生成过程，所以在了解零件或装配件的生成顺序时，它是一种非常有用的工具。在复杂的造型过程中，通常借助设计树来选择图素、编辑对象属性、改变零件的生成顺序和历史记录。

2. 螺旋拷贝造型的操作步骤：首先选中图素，调出三维球，并指定某定向控制手柄作为旋转轴；然后按鼠标右键拖动旋转，释放鼠标后在弹出的快捷菜单中选择"拷贝"或"链接"命令；最后在打开的"重复拷贝/链接"对话框中设置数量、角度及步长即可。

项目 3

任务 1

1. 在 CAXA 造型过程中，学会形体分析，选择合适的造型方法；灵活运用三维球，减少重复类似的操作；掌握造型技能和要领，学会常用功能键的使用等，都能明显提高造型效率。

2. 按住 Shift 键可选中多个图素，按 F10 键激活三维球，按空格键使三维球与图素脱离，拖动三维球中心控制手柄到圆周的中心。再按空格键使三维球与图素结合，选中圆周轴线方向的定位控制手柄。按住鼠标右键拖动旋转三维球，释放后在弹出的快捷菜单中选择"拷贝"命令，在打开的"重复拷贝／链接"对话框中输入复制数量和角度后，单击"确定"按钮即可。

任务 2

1．高级图素库是智能库的一个补充，其中包含了一些扩充的几何形体，也是一组参数化的图素。在智能图素编辑状态右击，在弹出的快捷菜单中选择"智能图素属性"命令，在打开的"旋转特征"对话框中即可进行参数的设置。

2．工具图素库包含 3 个方面的内容：设计工具、标准件、自定义孔。设计工具包括阵列、装配、拉伸、BOM（物料清单）明细表工具。标准件也是一组参数化的图素，通过设定图素参数可改变图素的形状及尺寸。在设计环境中拖入工具图素时，会打开"加载属性"对话框，在对话框中就可进行类型选择或参数设置。

任务 3

1．抽壳就是将一个图素或零件挖空，对于制作容器、管道和其他内空零件或产品十分有用。

2．插入光源时，可进行光源类型选择和设置光源亮度、光源颜色、光源阴影、光源光束角度和散射角度等。

项目 4

任务 1

1．旋转特征是一条直线、曲线或一个二维截面绕一根轴旋转生成的三维造型。旋转特征造型适合于回转体造型，可以是空心的，也可以是实心的零件。

2．特征造型时，若单击"完成造型"按钮提示失败，则单击"编辑草图截面"按钮，耐心地查找红色高亮密集区中的线条。草图截面上的线条多余、重叠，或线头没有修剪，或草图没有封闭，或组成多个封闭的区域等，都很容易造成编辑截面失败。

任务 2

1．二维设计环境主要包括二维绘图栅格及其坐标原点、绘图工具、编辑工具和约束工具、"特征生成"工具条等内容。

2．拉伸特征是将一个任意形状的二维截面沿第三方向拉成给定高度的三维造型，适合于二维截面是任意形状的几何图形，但截面处处相同的三维零件造型。

任务 3

1．扫描特征是使二维截面沿一条指定的扫描曲线运动。扫描特征造型适合于截面处处相同，但轨迹线是一条直线、一条 B 样曲线或一条圆弧线的零件造型。

2. 在智能图素编辑状态，单击"切换"图标，进入截面操作手柄编辑状态。切换后，红色三角形为拉伸操作柄，位于拉伸设计的起始截面和结束截面上；红色菱形为截面操作柄，位于图素截面的边上；红色方形为旋转操作柄，位于旋转特征的起始截面上。

任务 4

1. 放样特征是使用不在同一平面内的多个二维截面，沿着操作者定义的二维截面轮廓定位曲线生成一个三维造型。放样特征造型适合于截面变化，又需要人为定制轮廓定位曲线的零件造型。

2. 在智能图素编辑状态右击放样图素，在弹出的快捷菜单中选择"编辑轮廓定位曲线"命令即可进入二维环境修改轮廓定位曲线。右击截面序号，在弹出的快捷菜单中选择"编辑截面"命令即可进入二维环境修改截面草图。

项目 5

任务 1

1. 生成 3D 曲线的 3 种方法：由 2D 曲线生成 3D 曲线、手工绘制 3D 曲线、由曲面及实体边界生成 3D 曲线。

2. "3D 曲线"工具条上有 5 种生成 3D 曲线的方法供选择：三维曲线、等参数线、曲面交线、投影曲线、公式曲线。另外，还提供了两种编辑 3D 曲线工具，分别是拟合曲线和裁剪 / 分割 3D 曲线。

任务 2

1. 空间点坐标值的格式："X 坐标，Y 坐标，Z 坐标"，如 30 40 50 或 30,40,50。坐标值之间用空格或英文状态的逗号隔开，不可加入其他字符，坐标值不可省略。

2. 提供的生成曲面的 6 种方式：网格面、放样面、直纹面、旋转面、边界面和导动面。其他按钮用于对已有的曲面进行编辑操作，可在两个曲面间进行曲面过渡操作，对单张曲面进行延伸曲面、曲面补洞、还原裁剪曲面、偏移曲面、合并曲面、裁剪曲面等操作。

任务 3

1. 常见的布尔运算有布尔合（叠加组合）、布尔叉（求相交部分）和布尔减（切割相减）3 种运算。

2. 导动面生成方式有平行导动、固接导动、导动线 + 边界线、双导动线 4 种方式。导动方向类型分"固接"和"变半径"两种。

项目 6

任务 1

1. 在圆角过渡面板选择"变半径"过渡类型，单击"设置点的数量"按钮，然后在需要圆角的棱边上添加点，依次选择每个高亮显示的点，设置对应的百分比值和半径值后，确认即可。

2."智能渲染属性"对话框中共有 7 个属性选项卡，它们分别是颜色、光亮度、透明度、凸痕、反射、贴图和散射。

任务 2

1. 常用的装配方法有三维球装配、无约束装配、约束装配 3 种。三维球装配是一种零件间没有约束的装配，任一零件的移动都会引起装配体的错位。无约束装配也是零件间没有约束的装配，但在指定源零件重定位或重定向操作方面，提供了极大的灵活性。约束装配利用"定位约束工具"可保留零件或装配件之间的空间关系，形成一种"永恒的"约束。

2. 进行干涉检查，首先要选择装配件中的部分或全部零件，或单个装配件，或装配件和零件的任意组合，再在"工具"下拉菜单中选择"干涉检查"命令，在打开的"干涉报告"对话框中查看干涉检查的报告信息，然后根据报告信息及干涉显示调整装配。

主要参考文献

和庆娣，袁巍，袁涛，等. 2006. CAXA 实体设计 2006 时尚百例. 北京：机械工业出版社.

尚凤武，李春香. 2015. CAXA 创新三维 CAD 教程. 北京：北京航空航天大学出版社.